JN110958

「おウチ起業」で4畳半から7億円

ネットショップで「好き」を売ってお金を稼ぐ!

木之下嘉明

ダイヤモンド社

はじめに

大好きなことを仕事にしてみませんか？

突然ですが、私は33歳のとき、大好きな「ワイン」を仕事にしようと、ネット通販については“完全に素人”の状態で独立・起業しました。

それから約12年、**販売サイトの売上高は7億円を超えるまでに成長**。国内トップのECモール「楽天市場」（楽天）では、“お手本店舗”が講師となってノウハウを共有する「NATIONS」（ネーションズ）というコンサルティングサービスで“リーダー店舗”に選ばれ、出店者の売上高を2倍に伸ばすためのアドバイスをすることもあります。

——こうお話をすると、あたかも私はネット通販のプロであり、これまで順風満帆にショップを運営してきたかのように思えるかもしれません。

しかし、実際はその真逆、最初はとても苦い経験をしているのです……。

私は独立するまで、財務や会計など、ネット通販とは無縁の仕事をしていました。当然、通販サイトを運営した経験もありません。

それなのに、なぜ急にネット通販をするようになったのか？　それは当時、結婚したばかりの妻と1日の終わりにワインを飲むのが好きで、その「好き」が高じて、無謀にも「ワインを仕事にする！」と決めたからです。

限りある人生ですから、どうせなら「好きなことを仕事にしたい」というだけの理由です。

財務や会計の仕事をしていたからといって、お金に余裕があったり、念入りに事業計画を立てたりして、通販サイトを開いたわけではありません。

漠然と「月100万円くらい売れれば、夫婦2人で生活していけるかな」と考えて、開業資金300万円ほどを貯めたのを機に、仕事をスパッとやめて、ワインの通販サイトをスタートさせたのです。

なんとなく「うまくいくだろう」という根拠があるような、ないような自信とともに、「失敗したらまた財務や会計の仕事をすればいいや」という思いがあったことも否めません。

当初は、自宅の4畳半の和室を倉庫代わりに、緩衝材や断熱材などを置いてワインを保管していました。

このスペースで通信販売の酒類小売業免許を取得して、ワイン通販ショップ「しあわせワイン倶楽部」(https://www.shiawasewine-c.com/)をスタートしました。

起業という"意識高い系"のだいそれた話とはほど遠く、1日中、好きなワインに囲まれて、好きなワインのことばかり考えていられるのが、ただ楽しくてならなかったのです。

好きだからはじめたけれど 1年半ほぼ無収入……

しかし、現実はそう甘くはありませんでした。

通販サイトを公開したのは、仕事をやめて独立してから半年後のこと。自分としては準備万端で通販サイトを公開したつもりだったのに、**驚くほど売れなかったのです……。**

通販サイトを公開してから2カ月くらいたったころ、あまりにも反応がないので、「もしかしたらサイトに不具合が生じているのかも」と、試しに自分で購入してみることにしました。

すると、なんの問題もなく、すんなりと買えたのです。

そう、単にお客さんが買いに訪れないだけ……あのときは厳しい現実を突きつけられ、途方に暮れました。

私はそれまで経営者をサポートしながら財務や会計の仕事をしていたので、ある程度は経営の知識があり、「このまま行くと、今ある手元資金が、あと何カ月で底をつくか」というのが計算上わかります。

自分がはじめたネット通販の手元資金が、「このまま行くとあと半年でなくなる」となったころには、まるで"余命宣告"を受けたかのような気持ちになり、胃が痛くなるわ、眠れなくなるわで、心身ともに削られる思いがしました。

手元資金が日々減っていくのに、その苦しい状況から抜け出す方法がわからない……。悶々(もんもん)とした日々を延々と過ごしたのです。

そこで、「ネット検索で上位に表示されれば、お客さんが増えて、売り上げアップにつながるかもしれない」と、SEO（検索エンジンの最適化）対策の業者に、コンサルタント料を支払ったこともありました。

すると、「ワイン通販」というキーワードで検索トップに表示されるようにはなったものの、売り上げアップにはまったくつながらなかったのです。

どうにか売り上げ低迷の突破口をつかもうと、今度はある営業マンに「新聞広告を出せば、反応がありますよ」と誘われ、もう藁にもすがる思いで、なけなしのお金を払って広告を出しました。

しかし、その後、お客さんはまったく増えることなく、別の広告会社からの「ウチでも広告を出しませんか」という誘いばかりが増える始末でした。

打つ手打つ手が集客にも売り上げアップにもつながらず、お金が出ていくばかり。資金が尽きる日が刻々と近づくなか、「どうにかしなければ！」という気持ちばかりが募り、あれこれ試しても空まわりの連続……アルバイトをして食いつなぐことも、しょっちゅう頭をよぎりました。

そんな暗黒の時代が、通販サイトを公開してから、なんと1年も続いたのです。

まるで先が見えない、真っ暗なトンネルのなかを歩いている期間が1年というのは、精神的にかなりキツい状態です。好きなワインに携わっていられることが、唯一の救いでした。

私は当初から「販売するワインは、必ず自分で試飲して納得したものだけにする」というポリシーを貫いています。

そのため、毎日のように、自分が好きなワインを飲み、「よし、明日もがんばろう！」と気持ちを切り替えることができていたのです。

自分がとり扱う商品が、苦しい状況の自分を救ってくれていました。

どん底から救ってくれた“大逆転商品”とは？

資金が底をつき、事業の寿命が尽きるまで、あと3カ月に迫ったころでした。私は行き詰まった状態から抜け出すヒントをつかむためにも、あるワインセミナーに参加しました。

参加者がさまざまなワインを飲んで、感想を述べながら勉強するというスタイルのセミナーだったのですが、**参加者のほとんどは5000円のワインがおいしいといったのに、私だけ1980円のワインのほうがおいしい、それも「断然おいしい！」と感じたのです。**

そのワインを「ぜひ自分のショップで扱いたい！」と思った私は、ワインボトルのラベルに記されていた輸入元に、ダメもとで連絡しました。

輸入元に連絡した私は、「そのワインがいかにおいしかったか」「自分がどれだけそのワインを真剣に販売したいと思っているか」など、思いのたけを伝えました。

すると、私の熱意を買ってくれたのか、担当者が「本当は、新規の取引はしていないけれど、上司に掛け合ってみる」といってくれたのです。

その結果、「仕入れ代金を現金で前払いしてくれたら取引してもいい」という、やや厳し目の条件ながら、そのワインを販売できることになりました。

そのワインをショップで扱いはじめてからしばらくたったころ、市場調査を兼ねて都内を巡り歩いていたとき、東京・二子玉川にある「玉川髙島屋S・

C」に立ち寄りました。

すると、ワインショップがあったので、どんなワインが並んでいるかをチェックしたところ、そのお気に入りのワインを見つけました。

値段を見ると、なんと「5000円」がつけられていたのです。

輸入元も違うし、デパートとネット通販という場所代の違いもありますが、私は同じワインを半額以下の2000円で販売していました。

「ここで勝負をかけるしかない！」と思った私は、そのワインの商品ラインアップを2アイテムから、一気に5アイテムに増やす決断をしました。

さらに、なんとかこのワインの魅力をお客さんに伝えようと、販売サイトの紹介文を工夫したところ、“ダントツの売れ筋商品”になってくれたのです。

売れ筋となって窮地（きゅうち）を救ってくれたのは、「ナパ・セラーズ」というカリフォルニアワインでした。

無収入から年商7億円への大逆転

売れ筋商品ができると、状況は一転します。「資金が尽きる」という心労から解放され、苦しかった1年が終わりを迎えたのです。

そして、開業して3年後には年商3400万円、5年後には年商6500万円と、順調に売上高を伸ばし、2021年度には年商7億円を超えるまでになりました。

私が運営するショップ「しあわせワイン倶楽部」は、楽天ユーザーから高

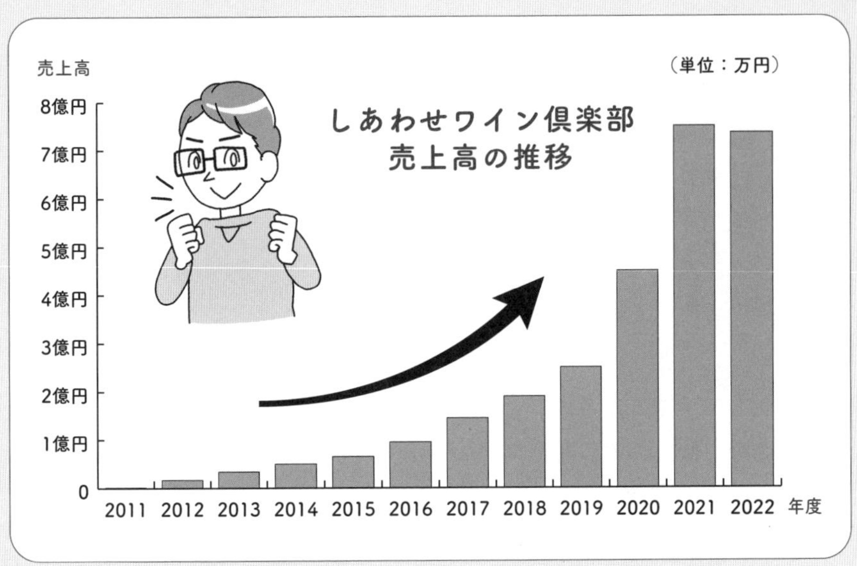

い評価を得た上位１％の出店者に贈られる「月間優良ショップ」を年に何度も受賞するようになりました。

さらに2021年、2022年には、ユーザーレビューや年間売り上げから決定する「楽天グルメ大賞」で、白ワイン部門の大賞を受賞するまでに成長しています。

私は自分の「好き」を仕事にしようと決断したことは、正解だったと思っています。そして、私と同じように「好き」を仕事にしようと考える人を応援したい。そう考えて、この本の執筆を決めました。

そもそも私は、通販サイトに商品の画像をどうやってアップするのかもわからないところから、事業をスタートしました。

「好き」を仕事にしたいという情熱だけで、ロクに準備もせず、会計の仕事をやめたため、１年半もの間ほぼ無収入という苦い経験をしたのです。

でも、なにもわからないところからはじめて、数々の苦難を乗り越えた経験があるからこそ、今なら「つらく苦しい時期を最短、もしくはないものにする」方法を伝授できます。

そして、自分の「好き」を売ることで、継続的に稼げるようになるノウハウも持っています。

冒頭でお伝えしたように、今ではそのノウハウを、楽天で通販サイトを運営するプロに向けて講義することもしばしばあるわけです。

私は開業資金を300万円貯めてから事業をはじめましたが、当時から12年たった今では、いろいろなアプリやソフトウェア、サービスが増えたことによって、**資金ゼロ・在庫ナシでも開業できる**ようになっています。

さらには**週1回（もしくは月1回）パソコンを開くだけ**でも、通販サイトを運営できる手法も選択できるようになっているのです。

私は「好き」を売って、稼ぐための業態は、ネット通販が基本だと考えています。

なぜなら、ネットでものを販売するのであれば、自分の労力をさほど費やさずに済むからです。

一方で、事業が成長すればするほど、自分の時間と労力を消耗してしまう手段もあります。

たとえば、焼きそばが好きで、「世界でいちばんおいしい焼きそば店」をリアル店舗で開いたとします。この場合、焼きそばが売れれば売れるほど忙しくなり、時間がなくなり、「好き」を売って楽しく人生を送るはずが、どんどん苦しくなってしまう可能性もあります。

そのため本書では、あなたの「好き」をネットで売って楽しく稼ぐ方法を、細かなステップに落とし込んでお伝えしていきます。

私がこれからお伝えするノウハウは、あらゆる商品・サービスに応用できる、再現性の高いものだと自負しています。

さらに、私が経験した多くの失敗についても、隠すことなくお伝えします。同じ間違いを繰り返すことなく、最短で「好き」を「稼ぐ」に変えていくことができるはずです。

それでは、はじめましょう！

目次

STEP 2 小さくはじめて大きく育てる

STEP 3 経験ゼロからでも稼ぐ力を身につける

STEP 4 「どのくらい働くか」は自分で決められる

STEP 5 「好き」を深掘りして稼ぐ

STEP 6 数字を武器にお金を稼ぐ

STEP 7 ファンに愛され、売れ続けるコツ

STEP 8 売り上げを大きく伸ばすサイトのつくり方

STEP 9 好きなことで継続的に稼ぐコツ

STEP 10 最小限のリスクで最初の一歩を踏み出そう

PROLOGUE

「好き」なことに集中して稼ぐ

01 自分の「好き」を商品にする

好きなことを仕事にする——こういうと、あなたの頭にどんなことが浮かんでくるでしょうか？

「好きなことを仕事にできればいいと思うけれど、現実にはなかなか難しいでしょ」

そんなふうに思った人も多いのではないでしょうか？　でも私自身、実際に大好きなことを仕事にしています。具体的にはワイン、なかでも「カリフォルニアワイン」に特化してネット通販を展開しているのです。

最初のころは、まったく売れなくて1年ほど苦労しましたが、いったん軌道に乗ると、どんどん売り上げが伸び、2021年度からは年商7億円を超えるまでに成長しています。

私は、好きなことを仕事にして、楽しみながら事業を育てることは、誰にでも可能だと思っています。

そこでこのPROLOGUEでは、「好き」を商品にして仕事をするとはどういうことか。また、なぜそれが誰にでも可能なのかについて、お伝えすることにします。

私は20代後半からワインにハマり、「ワインは生活を豊かにしてくれるもの」と実感するようになりました。一方でワインは、なんとなく「とっつきにくい」「わかりにくい」というふうに思う人も少なくありません。

そこで、もっと多くの人に、気軽にワインを楽しんでほしいと感じていたときに出合ったのが、「カリフォルニアワイン」でした。

ワインの産地というと、醸造が盛んなヨーロッパ、とくにフランスを思い浮かべる人が多いでしょう。

フランスに限らず、ヨーロッパは年によって気候条件が大きく変わることが多いため、同じ畑から穫れたブドウを使って、同じつくり手が手がけたワインでも、品質の評価が異なることがよくあります。それがワインをわかりにくくしている1つの要因です。

また、ヨーロッパのワインは、ブドウの収穫年はボトルのラベルに記載されていますが、品種などは記されておらず、それぞれのワインの味を見極めるには、知識がないとなかなか難しい面もあります。

一方、米カリフォルニアは気候が比較的安定しているので、年によるワインの出来にあたりハズレが少なく、自分好みのブドウの品種さえわかれば、選びやすいという特徴があります。

さらに、カリフォルニアは日照時間が長く、ブドウがしっかりと熟すため、果実味をストレートに味わえるワインが多いのです。

また、アメリカのワインのラベルはフランスワインとは違ってワインの世界観を表すような個性のあるものも多く、ブドウの品種、生産した年、産地、生産者名も記載されていてラベルから判断できることが多いです。

そのため、「シャルドネ」「カベルネ・ソーヴィニヨン」「ピノ・ノワール」「ジンファンデル」などブドウの品種で、自分好みの味か判断しやすいため、ヨーロッパのワインに比べると親しみやすいのです。

ところが、私がショップをはじめる前は、ヨーロッパのワインをメインに扱うお店ばかりで、カリフォルニアワインを扱っていたとしても、片隅の小さなコーナーで扱われているだけでした。

そこで私は、既存のワイン販売店との差別化を図るため、気軽に楽しめる「カリフォルニアワイン専門店」で攻めることにしたのです。

02 いちばんのお客さんは自分自身

私のショップについての話をすると、「たまたまうまくいっただけでしょ」という反論をいただくことがあります。要するに、私の成功事例には「再現性がないのでは？」という指摘です。

しかし、私が運営するカリフォルニアワイン専門のネット通販ショップが大きく成長できたのは、たまたまでも偶然でもありません。

最初のきっかけこそ、ワインセミナーで偶然出合った1980円のカリフォルニアワイン「ナパ・セラーズ」でしたが、そこからきちんとしたマーケティング施策に基づいて、たくさんの人に喜んでもらえるものを継続的に商品として選び出し続けたことが大きいのです。

自分の「好き」を商品にする具体的な方法は、のちほど説明しますが、その方法に従ってあなた自身の「好き」を当てはめていけば、**誰でも同じように、たくさんの人に喜んでいただける商品を選び出すことができます**。

また、この本には、私が12年間かけてネット通販サイトを成長させてきた経験からお伝えできる、ありとあらゆる通販サイト運営のコツを詰め込んでいます。

実践すれば、私と同じ失敗を繰り返すことなく、着実に事業を育てることができるでしょう。

私と同じように「好き」を商品にして楽しく稼ぐ例は、ちょっと考えただけでもたくさんあります。

たとえば、アクセサリーをつくるのが好きな方なら、自分がつくったアクセサリーを見本に、同じものが誰でも簡単につくれる「イヤリングセット」「ネックレスセット」など、アクセサリー制作に必要なパーツをセット販売して、人気を集めているお店が参考になります。

また、ネコ好きの方なら、愛猫（あいびょう）のためのグッズを探しているとき、ニオイが残りにくく、簡単に掃除ができるトイレ用の「猫砂」を海外サイトで見つけ、その猫砂の日本での独占販売権を獲得して、大成功している事例が参考になるでしょう。

家事を効率的にこなすのが得意な方は、「5分で掃除が終わる」「5分でキッチンが片づく」など、"家事の時短グッズ"を集めて販売し、家事に悩む人たちに喜ばれています。

ほかにも、地元ならではの食材やお菓子に目をつけたり、子どもの知育玩具やレッグウォーマーに特化したりしたネット通販サイトを運営している事例もあります。

好きを商品にしてネット通販している成功例

- **アクセサリー制作「紗や工房」** https://sayakobo.com/
- **愛猫の猫砂「Catmania」** https://catmania.jp/
- **くらしに役立つ便利グッズ「モアコム」**
  https://www.rakuten.co.jp/more-com123/
- **地元ならではの食品「沖縄健康食品Webショップ」**
  https://www.okikenko.co.jp/
- **子どもの知育玩具「慶應式知育玩具、学習玩具専門店」**
  https://www.rakuten.co.jp/cybermall/
- **レッグウォーマー「北投石で温める～岩盤浴ショップ～」**
  https://maruyamasilk.com/

こうしたショップづくりに共通しているのは、自分の「好き」を商品にできるということ。そして、自分が売る商品のいちばんのお客さんが、自分自身だということです。

つまり、自分が“お客さん代表”として、お客さんが求めているものや困っていることが、手にとるようにわかるわけです。

お客さんの求めている商品を紹介したり、お客さんの悩みを解消する商品を販売したりして喜ばれるのですから、これほど楽しいことはありません。

03 苦手なことは外注して「好き」に集中する

私は、「好き」を仕事にすることで、人生がより充実していくと考えています。

なぜなら「好き」を仕事にすると、「好き」に触れる機会が増えていくからです。興味のあることや好きなことを1日中考えていられるのであれば、それはとても幸せなことですよね。

しかし、ときどき「好きなことは仕事にしないほうがいい」という人もいます。たしかに、そう考える人の気持ちもわからないではありません。

なぜなら、たとえ「好き」なことを仕事にしたとしても、事業として運営していくうえで必要となる業務は、すべてが「好き」なわけでも、楽しいわけでもないからです。

でも、ネットで仕事を受発注するクラウドソーシングなどを利用すれば、苦手なことを比較的低予算でアウトソーシング（外注）できます。

苦手な部分は外注し、得意な部分に集中することが十分に可能なのです。

私は、「お客さんに喜んでもらえるワインを選び、伝える」という、大好きな業務に力を注ぎ、そのほかの苦手な業務はその業務が得意な人にほぼ任せています。

具体的にどういうことか？　いくつか例をあげて、わかりやすくお伝えしましょう。

まず、通販サイトのバナーやロゴのデザインは、ほかのスタッフやプロにお任せしています。

事業をはじめたばかりで資金に余裕がなかったときは、オーストラリアの新興企業キャンバが開発した無料アプリ「Canva」を使って、手軽にデザインをしていました。

● **Canva**　https://www.canva.com/

ほかにも、今はサイトに掲載する画像の加工に使える無料アプリがたくさんあります。

● **縮小専用。**（画像圧縮、リサイズツール）
https://forest.watch.impress.co.jp/library/software/shukusen/

● **removebg**（画像切り抜き）　https://www.remove.bg/ja

また、無料ではありませんが、商用利用ができて、バナーに使える画像素材が豊富な、次のサイトもよく利用しました。

● **Shutterstock** ※一部無料あり　https://www.shutterstock.com/ja

以前はプロが使用するような「Photoshop」「Illustrator」などの高価な画像編集ソフトがなければ、ある程度凝ったデザインを作成することは難しかったのですが、いまは「Canva」などの無料アプリを使えば、あらかじめ用意されたテンプレートから選ぶだけで、かなりオシャレなバナーやロゴを自分でデザインすることができるようになっています。

より凝ったものをつくろうとする場合も、「Canva」には複雑な機能が使える有料プランがあります。お金に余裕があれば、今の私がやっているようにプロに依頼して、「Photoshop」や「Illustrator」でデザインしてもらうという選択肢もあります。

またデザインだけでなく、ほかのあらゆる作業を外注することが可能です。

私は、購入してくれたお客さんに、ワインごとに産地の情報や味の特徴などを記した「テイスティングノート」を同梱して商品を発送していますが、ワインごとに情報が違うため、受注のたびに情報を探して印刷をしたのでは手間も時間もかかります。

お客さんが複数の種類のワインを購入すると、その種類の数だけテイスティングノートを印刷する必要もあり、さらに手間がかかります。

そのため、表計算ソフト「エクセル」での作業工程を自動化するため、「エクセル」のマクロと呼ばれる簡易プログラムを外注して組んでもらったことがあります。

先ほど軽く触れたように、今ではそうした作業をプロの技術を持ったフリーランスに比較的低コストで外注できるクラウドソーシングサイトが数多くあります（私自身は「クラウドワークス」をよく利用しています）。

- **クラウドワークス** https://crowdworks.jp/
- **ランサーズ** https://www.lancers.jp/
- **ココナラ** https://coconala.com/

私がショップをスタートしたばかりのころは、受注したら1つひとつのオーダーに対して手作業で、商品を発送する宅配便の「送り状番号」をメールで案内していました。

のちほど詳しく紹介しますが、それも今やお客さんからオーダーが入ったら、注文情報が即座に倉庫に転送され、発送情報も人手を介さずお客さんに自動で知らせるようにシステム化しています。

そうやって少しずつ苦手なことを外注したりシステム化したりすることで、私自身は海外からカリフォルニアワインの情報を集め、ときには現地に赴いて視察し、気に入ったものがあれば販売元と交渉し、お客さんに紹介していくという**好きな業務に集中することができるようにしているのです。**

04 スマホ1つ、資金ゼロでもスタートできる

副業をするにしても、独立・起業をするにしても、まずは「お金」の問題が頭に浮かびます。

もし、「好き」を売ろうとリアル店舗を構えようとしたら、都内であれば保証金だけで数百万円、場合によっては数千万円が必要となります。でも、そんな大金を用意するのは難しいですよね。

だからこそ私は、必要な初期投資を最小限に抑えられるネット通販に特化するべきだと断言するのです。

そうすれば、苦手な作業を手頃な価格でアウトソーシングできるようになっているだけでなく、**元手がほぼ0円でもショップをスタートできるのです。**

ネットショップを簡単に作成できるツール（ECプラットフォーム）があります。代表的なのは、次の4つです。

- **BASE**　https://thebase.com/
- **STORES**　https://STORES.jp/
- **カラーミーショップ**　https://shop-pro.jp/
- **Shopify**　https://www.shopify.com/jp

ECプラットフォームによって、お試し期間は無料、初期の手数料は販売・決済したぶんだけなど、さまざまなプランに分かれており、試しやすくなっ

	BASE	STORES	カラーミーショップ	Shopify
初期費用	無料	無料	3000円	無料
月額費用	無料	【フリープラン】無料 【スタンダードプラン】1980円	【エコノミー】834円 【レギュラー】3000円 【ラージ】7223円	【ベーシック】$33 【スタンダード】$92 【プレミアム】$399
手数料	【BASEかんたん決済手数料】3.6%＋40円 【サービス料】3% 【振込申請を行う際の手数料】250円 【事務手数料】 2万未満の場合：500円 2万以上の場合：0円	【フリープラン】5% 【スタンダードプラン】3.6%	【クレジットカード】4%〜 【後払い】4%〜 【コンビニ払い】130円〜 【代引き決済】280円〜	【ベーシック】3.4% 【スタンダード】3.3% 【プレミアム】3.25%
独自ドメイン	取得可能	取得可能	取得可能	取得可能
商品登録数	無制限	無制限	無制限	無制限

ています。

また、本格的にショップをスタートする場合も、シンプルなプランであれば、月々わずか数千円で運営することができるので、サイトの運営料は「0円」に近いといえるでしょう。

私が運営する「しあわせワイン倶楽部」の自社サイトも、「カラーミーショップ」で作成しています。

こうしたECプラットフォームでショップを開設するために、複雑な用語やプログラム言語などの知識は必要ありません。

基本的に、ショップをオープンする手順は決まっているので、必要な画像や情報を当てはめていけば完成します。**スマホ1つあれば、通販サイトは開設できるのです。**

もし使い方にわからないことがあっても、ユーチューブなどに詳しく解説している動画が数多くアップされていますから、参照すればスムーズに開設できるでしょう。

また、今は手軽に通販サイトをはじめられるだけでなく、商品の仕入れにも資金が必要ない手段もあります。つまり、**ほぼ元手ゼロでネットショップをスタートし、商品をそろえて販売することだってできるのです。**

0円で仕入れられる商品だからといって、売れ残りや不良品などではありません。新品で、あちこちのお店で売られているのと同じ商品を0円で仕入れることができるのです。

どうして、そんなことができるのかというと、お客さんからオーダーが入ったら、サイトの運営者ではなく、商品の卸元や製造元が直接、お客さんに発送する「ドロップシッピング」(メーカー直送)という取引方法が一般的になりつつあるからです。

特にドロップシッピングをうたっていなくても、お客さんからオーダーが入ってから、商品をとり寄せるという条件に対応してくれる取引先は少なく

ドロップシッピングの仕組み

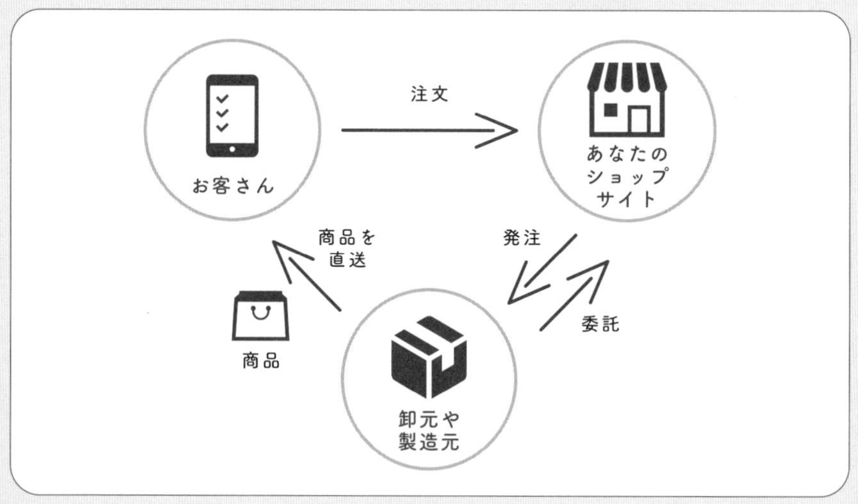

ありません。

そのため、多額の資金を用意しなくても、元手0円からネットショップで「好き」を売ることができるようになっているのです。

05 週1回、月1回の実働でも大丈夫

手軽に使えるのは、通販サイトのシステムや、商品の仕入れだけではありません。今や物流や配送も、かなり手軽に手配できるようになっています。

例をあげて説明しましょう。一般の小売業者が参加して販売できるアマゾンの「マーケットプレイス」に商品を出品したとします。

その場合、販売する商品をアマゾンの倉庫に入れておけば、お客さんからオーダーが入ると、アマゾンのシステムがお客さんにオーダーの確認メールを送り、配送の手配をし、出荷手配まで自動的にやってくれます。

あなたがやることといえば、週1回、パソコンを開いてアマゾンの倉庫に置いてある商品の在庫があるかどうかを確認するだけ。あとは購入されたぶんの入金を待てばいいのです。

また、アマゾンの場合、「予約在庫」が可能です。たとえば、「来週木曜日、倉庫に商品を100個送るので、予約販売しておいてほしい」とアマゾンのシステムで申請すれば、お客さんから予約を受け付けておいてくれます。

そして、商品が倉庫に届き次第、受注が成立し、配送手配もしてくれるのです。

この場合、週1回どころか、月1回だけパソコンを開いて、状況を確認するだけでもショップを運営していくことができます。

私が楽天のコンサルティングサービス「NATIONS」で、ほかの出店者のみなさんに運営ノウハウを教えるとき、“店舗の運営時間”を聞くことがあります。

副業で運営している人が少なくないこともあり、「週3時間でした」「先週は0時間でした」といった報告も少なくありません。

アマゾンと同様に楽天も、出店者の商品の保管管理から出荷までを担う「楽天スーパーロジスティクス」というサービスを展開しており、受注した商品を配送するところまで請け負ってくれます。

また、楽天グループの「ハングリード」という会社が運営する複数のネットショップの在庫管理、受注・顧客管理業務を自動処理する「BOSS」というシステムを導入すれば、自動出荷に切り替えることができて、完全自動化することも可能です。

こうして月1回パソコンを開くだけで、店舗運営するということも可能になっているのです。

また、アマゾンや楽天に出品・出店するのではなく、「BASE」や「STORES」などで自社サイトを運営していても、週1回、たとえば「毎週金曜日に配送します」などとサイトに記載しておけば、実働週1回も可能になります。

観葉植物や絵画、まとめ買いをするお酒など、急ぎのニーズが比較的少ない商品を扱うならば、週1回稼働のワークスタイルであっても成立しやすいでしょう。商品発送が週1回な分、送料を安くするなどの工夫をすれば、お客さんにも十分、満足していただけるはずです。

06 失敗リスクを限りなくゼロにできる

「好き」を商品にして、元手はほぼ0円で、週1回、もしくは月1回パソコンを開くだけの働き方ができる。

こう私が説明しても、「副業にしても独立・起業にしても、失敗するリスクが高い」と恐れて、最初の一歩を踏み出せない人がほとんどです。

もちろん、私のように無謀にも現在の仕事をいきなり捨てて、なにもわからないまま、いきなり独立してネットショップを立ち上げるのは、リスクがともなうでしょう。

そのため、私が運営するサイトは、軌道に乗るまで1年半かかりましたが、それからは2021年までの9年間で、年商7億円を超えるまでに成長しています。

ふり返れば、「あのとき、こうしていれば、こんな失敗しなくてすんだのに」「もっとこうしていたら、ムダなお金や時間を使わなくてすんだはず」といった、今だからこそわかる成功のポイントはたくさんあります。

そうした経験を踏まえた**「リスクを限りなくゼロにできる方法」**を、具体的に系統立てて、これから余すところなくお伝えしたいと思います。

また、リスクを避けるだけでなく、どうやって自分の「好き」を売れる商品にするか、どうやってビジネスとして成長させていくか。さらに数字を味方につけてショップを運営する方法や、お客さんに愛されて売り上げを伸ばし続ける方法など、知っておくべきポイントも網羅します。

ネット通販に限らず、ビジネスの3大リスクは、「お客さんが集まらない（売れない）」「（売れないから）在庫を抱える」「お金が底をつく」ことです。

「お客さんが集まらない（売れない）」については、本書のSTEP８で集客の方法を詳しく解説しますので、ぜひご参照ください。

それ以外の、「（売れないから）在庫を抱える」「お金が底をつく」は、ほぼ０円でサイトを運営し、ドロップシッピングなどを使って、オーダーが入ってから商品を仕入れることで解決できるでしょう。

また、こうしたやり方であれば、事務所や倉庫を借りて毎月の固定費を抱える必要もありません。初期投資がほぼ必要ないため「貯金してから」でなくても、スタートすることができるのです。

そして、週１回、月１回、パソコンを開くだけであれば、会社員やフリーランスで本業を持つ人でも、家庭の主婦・主夫でも、副業として実践することができます。

これまでと生活のリズムをさほど変えず、余暇の時間を少しだけショップ運営にあてるだけですから、時間に追われて働き詰めということにもならないはずです。

だからこそ私は、この本を手にとってくださった１人でも多くの人に、「好き」を売ることをはじめてみてほしいのです。

STEP

1

自分の「好き」を「売る」に変える方法

07 自分の「好き」を“10大欲求”と掛け算してみる

自分の「好き」を「商品」にするといっても、何をどうすればいいのかわからない……という人も多いでしょう。

その点を手とり足とり、噛み砕いて順番に説明していきましょう。

まずは基礎の基礎、そもそもの話からです。それは、あなたの「好き」とは、いったいなんなのでしょうか？　**1つではないかもしれませんから、思いつく限りすべて書き出してみましょう。**

衣・食・住、ランニングやテニスなどのスポーツをすることや試合の観戦、マンガや映画・読書などの娯楽、ペット、資格・試験、ネットで見るコンテンツなどなど、頭のなかで考えるだけでなく、1つひとつ洗いざらいスマホや紙に書き出して、“見える化”してみてください。

アイデア出しの手法の1つに「ブレインストーミング」というものがあります。これは、制約を設けず、テーマにそって頭に浮かんだアイデアを次々とアウトプットするものです。

基本的には複数人で行うもので、相手のアイデアを決して否定せず、質を問わずに自由に発言し、まずは“アイデアの量”を積み重ねていきます。これを自分1人でやってみるのです。

もちろん、誰かと一緒に組んで、客観的なアイデア出しをしてもらうのも効果的です。

この時点では「こんなの商品にならないよね？」と否定することなく、とにかく好きなもの・好きなことをアトランダムにすべてアウトプットしましょう。
「キャンプ」「植物」「チョコレート」「焼きそば」「ビール」「お笑い」「海外ドラマ」「旅行」「ランニング」「宅飲み」「ネコ」など、頭に浮かんだ「好き」を、すべて書き出してみるのです。

次に、たくさん書き出した「好き」のなかから、どれが「商品」になって、お金にかえやすいのかを考えていきます。

ヘンリー・マレーというアメリカの心理学者は、人間の欲求を12種類の「生理的欲求」と28種類の「社会的欲求」に分類しました（これは「マレーの欲求リスト」として知られています）。

そこで私は、マレーの欲求リストを参考にしつつ、人が買い物をするときの欲求を次の10種類に分類してみました。

買い物をするときの「10大欲求（ニーズ）」とは？

❶お悩み解決（困っていることが解消できる）
❷学び・教育（勉強になる、ためになる）
❸癒やし（ホッとする、気持ちが落ち着く）
❹承認欲求・ステータスシンボル（自分の価値を上げる、社会的地位を高める）
❺時短（効率的になる、ラクになる）
❻共感（自分も同じだと感じる）
❼不安・恐怖回避、自己防衛（不快な状況を避ける）
❽収集欲（同じものを集める）
❾健康・生理的欲求（３大欲求）（健康でいられる、食欲・性欲・睡眠欲を満たす）
❿背徳感（後ろめたさを感じる）

このなかで最後の「⑩背徳感」が、ちょっとわかりにくいかもしれませんから、補足しておきましょう。

背徳感とは、「やってはいけない」と思っていることをやってしまうこと。たとえば、深夜にラーメンを食べたり、平日の昼間からお酒を飲んだりすることです。

さて、あなたが書き出した大量の「好き」を、お客さんの10大欲求（ニーズ）と1つひとつ「掛け算」して、具体的な商品が浮かんだら書き出していきましょう。

いくつか例をあげてみます。

例1）**ビールが好き**

▼

ビール × ❶お悩み解決 ＝ **太らない糖質ゼロビール**

例2）**植物が好き**

▼

植物 × ❸癒やし ＝ **観葉植物**

例3）**チョコレートが好き**

▼

チョコレート × ❹承認欲求・ステータスシンボル

＝ **プレミアムチョコ**

ここも、まだアイデア出しの段階ですから「あり得ないよね？」「こんなの売れないな」などと否定せず、思いついたらどんどん書き出していきましょう。この時点では、質より量が大事です。

ポイントは「自分がお客さんだったら」という視点を忘れないこと。

自分がお客さんだったら、どんなものがあったらうれしいか、どんなものだったらお金を払ってでもほしいかを考えていきましょう。

いろいろと書き出した自分の「好き」を10大欲求（ニーズ）と掛け算して商品のアイデアを出すには、ある程度の時間が必要かもしれません。

でも、「好き」を商品にかえてお金を稼ぐためには必要なステップですから、ちょっとずつでもいいので時間を見つけて楽しみながらやってみてください。

Point

お客さんの視点に立って、自分の「好き」と10大欲求（ニーズ）を掛け算してみましょう

08 ビビッとくる「モデル店舗」からニッチを探る

あなたの「好き」と、お客さんの10大欲求（ニーズ）を掛け合わせた商品をリストアップできたら、その商品を扱っているショップをネットで検索してみましょう。

検索する段階で、思いついた商品が「ネット上で販売されていない」もしくは「売っている店がほとんどない」という状況であれば、その商品を「ほしい」と思うお客さんがいない可能性が高いです。

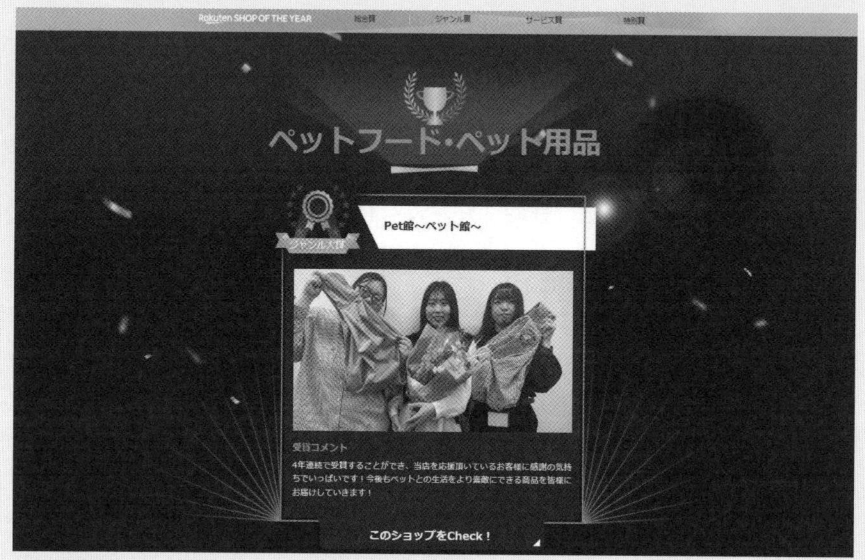

「楽天ショップ・オブ・ザ・イヤー」を受賞した店舗を部門ごとにチェックして参考にしましょう

その場合は、その時点で、商品化する候補から外したほうがいいです。

「誰も思いついたことがない商品だから、売れるかも？」ではなく、「市場にないんだから、売れないんだな」と考えたほうが無難だということです。

思いついた商品を扱っているショップがいくつか見つかったら、そのなかから、自分の好みに合うショップを何軒か「モデル店舗」としてブックマークしておきます。

「楽天ショップ・オブ・ザ・イヤー」（https://event.rakuten.co.jp/soyshop/）を受賞した店舗を部門ごとにチェックしてみるのもいいでしょう。この賞はお客さんによる投票数、その年の売上高（売上高の成長率）、注文件数、顧客対応などから、年間のベストショップが選ばれる楽天の表彰制度です。

ただ単に好みのショップを見つけるだけでなく、業界のトップ店舗を知ることで、どういう商品やページレイアウトがお客さんに受けているのか、そのヒントを得ることができます。

そうした「モデル店舗」で扱っている商品をチェックしながら、そのモデル店舗にはない「ニッチ」を探していきます。

なぜニッチを狙うのかというと、売上高の大きな大手が入り込まない商品分野を狙っていくのが、私たちのような小規模なショップの運営者が勝つためのいちばんの方法だからです。

大手はある程度大きな売り上げが見込める分野でないと進出してきません。小さな分野に会社のリソースを割くのは、経営効率が悪いからです。しかし、小規模事業者にとっては、大きな売り上げが見込める。そこにこそ、“勝ち筋”が潜んでいるのです。

ここで気をつけたいのが、モデル店舗が扱っていない商品分野をニッチとするのではないということです。

「？？」と頭にはてなマークが浮かんだかもしれませんね。どういうことか、例をあげて説明しましょう。

たとえば、観葉植物が好きな人が商品にしようと考えて、いくつかのモデル店舗をチェックしたとします。そのモデル店舗で扱っていない、レアな観葉植物を扱うことが、ここでいうニッチではないということです。

モデル店舗が提供している商品以外に、自分が提供できる「付加価値」はないかと考えるのが、私が考える「ニッチを探す」ということです。

私がワインのネット通販をはじめて、売れ行きが伸びずに悩み、苦しみのどん底にいたとき、参加したワインセミナーで試飲したカリフォルニアワインに心を射抜かれ、「うちのショップでぜひ販売したい」と思いました。

ほかのショップでは、フランス産などヨーロッパのワインが主流でカリフォルニアワインはニッチだったことに加えて、「こんなにおいしいワインが、2000円という低価格で販売できる」ということに、お客さんにとっての大きな「付加価値」を見出したからです。

観葉植物は、「観て楽しむ」という"癒やしのニーズ"が強い商品です。そのため、モデル店舗でも、すでに観て楽しむ商品をいろいろとそろえているでしょう。

そのとき、観て楽しむ以外に、観葉植物がお客さんに与えられる付加価値はないのかと考えてみるのです。

そう考えてみたところ、自分が観葉植物を育てたとき、「どんどん大きくなるのが楽しかった」ことを思い出したとします。

これは、一般的な観葉植物と同様に「③癒やし」(ホッとする、気持ちが落ち着く)という側面がありますし、もしかしたら、「②学び・教育」(勉強になる、ためになる)という欲求(ニーズ)も満たせるかもしれません。

そう考えると、観葉植物の「生き物として成長させる楽しみ」を提供できるようなショップだったら面白いのではないか、というニッチが浮かびます。

そこで、**「30cm以下のミニサイズの植物をそろえて、その成長を1年間フォローするというのはどうだろう?」「大きく育ったら、決まった金額で買い戻すのも面白いかもしれない」**などと、発想をふくらませていきます。

また、モデル店舗は、ネットだけでなく、リアルの店舗でも見つけていきましょう。なぜなら、実店舗のネットショップでは扱えない商品構成や店内ディスプレイなどが参考になるからです。

私が、カリフォルニアワインの「ナパ・セラーズ」が玉川髙島屋S・Cのワインショップで、5000円で売られているのを見つけたのも、リアルの店舗をリサーチしたからこそです。

「こんなお店がいいな」と気になるショップは、すべてチェックするくらいの勢いでもいいでしょう。そもそも自分が好きなものなのですから苦にならないはずですし、むしろ楽しめるはずです。

Point

成功している同業他社をウォッチして、そこにない「ニッチ」を探りましょう

09 「マトリクス図」で“空白地帯”を探る

モデル店舗をチェックして、ニッチを探る段階で、縦軸と横軸による「マトリクス図」で分析してみると、頭のなかだけ、もしくは文字だけで考えていたときには見えなかったことが具体化されてきます。

私の場合、マトリクス図の縦軸の上を「オシャレ」、下を「庶民的」、横軸は右を「高価格帯」、左を「低価格帯」としました。

そしてモデル店舗を配置していったのです。まずは高級すぎず庶民的すぎず、扱うワインの価格も手にとりやすいものが多い「タカムラ」（https://www.rakuten.ne.jp/gold/wine-takamura/）は、標準的な店舗として軸の中央に置きました。

私がいちばんのモデル店舗にしていた日本最大級のワインショップ「エノテカ」（https://www.enoteca.co.jp/）は、ワイン好きなら誰もが知るくらいの知名度で、高級感のある上品な店づくりをしています。

さらに、そのほかのワインショップをマトリクス図に配置していくと、下の図のようになりました。

すると、洗練されたオシャレなサイトで、低価格帯のワインを扱っているお店がないことがわかりました。そこで、オシャレなサイトで手頃な価格のカリフォルニアワインのお店にしたらいいのではないか？　そう思ったのが、私のショップのはじまりだったのです。

私の例を参考にしつつ、あなたのモデル店舗のマトリクス図をつくってみましょう。

ワインネット通販ショップのマトリクス図

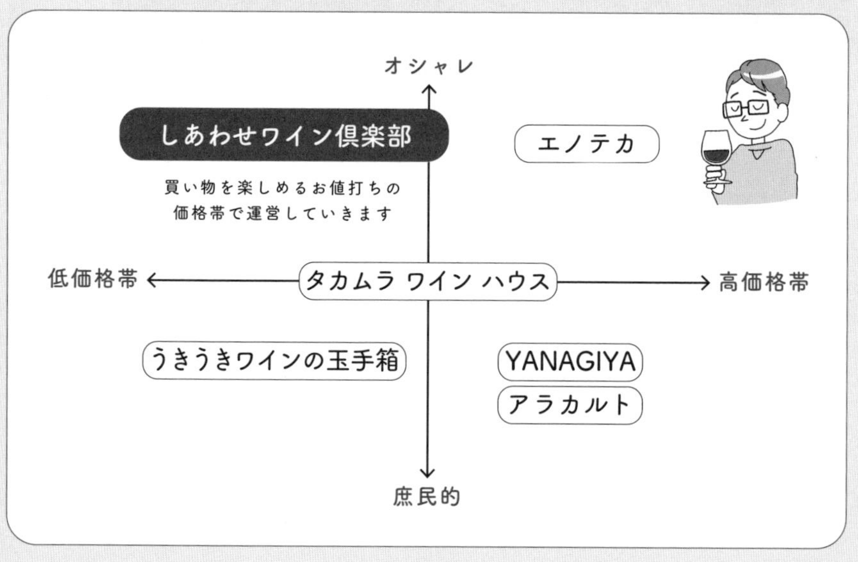

マトリクス図は縦軸と横軸からなるシンプルな図ですから、迷うようなら縦軸と横軸の切り口を変えて、いろいろと試してみるといいです。

縦軸と横軸の切り口をいろいろと模索しながら、それぞれのモデル店舗の強みと弱みを書き出すことで、あなたが入り込めるニッチが具体的に見えてくるはずです。

参考までに、私がニッチを探すために使った縦軸と横軸を紹介します。

縦軸	横軸
商品点数（多い、少ない）	**商品説明**（しっかり、簡易）
洗練度（オシャレ、庶民的）	**価格**（高い、安い）
機能性（多機能、シンプル）	**価格**（高い、安い）
デザイン性（高い、低い）	**機能性**（多機能、シンプル）
年齢層（若い、年配）	**価格**（高い、安い）
サービス（手厚い、シンプル）	**価格**（高い、安い）

私の例でいうと、エノテカは高級感がある一方、ちょっととっつきにくい面もあります。それはなぜかというと、商品の説明が一般の人には少しわかりにくいところがあるからだと私は考えました。

そこで、私なりの付加価値を考えたとき、ワインにはシンプルに「味を楽しむ」という側面以外にも、生産までの背景や歴史を学ぶという「文化的な側面」もあることに気づきました。

そして、ワインに関するウンチクやストーリーを、わかりやすく、ふんだんに販売サイトに盛り込むようにしたのです。

また、あるワインのネットショップは、「商品説明が詳しい」という強みがありました。でも、お客さんの立場で何度も説明を読んでみると、文章が長すぎたり文字が小さくて読みづらかったりする弱みもありました。

私は、ワインを買おうとする人には、**「パッと見て、衝動的に買いたい人」と「説明書きを読み込んで、納得して買いたい人」**の2つのタイプがあると考えています。

そこで私は、パッと見ただけでも特徴がわかるように文字を大きくするのと同時に、より理解が深まるように、誰にでもわかりやすく説明を書くようにしようと考えて実践しています。

両方のタイプに対応できるような商品説明の方法については、222ページでご紹介します。

市場のニッチに入り込むには、モデル店舗の強みをとり入れながら、自分の強みを加えていくことを考えていきましょう。

Point

マトリクス図を使って同業他社にはない独自の空白地帯を探しましょう

10 市場規模をチェックしてニッチを探る

ここまでお伝えしてきたように、自分の「好き」を商品にするには、まずお客さんの欲求（ニーズ）に当てはめて、いったん具体的な商品に落とし込んでみること。

その次に、その商品を扱うモデル店舗をいくつか見つけて、そのなかで

「ニッチ」を探るという順で商品を絞り込んでいきます。

そして、ニッチがいくつか浮かんだら、「本当にその商品をほしいと思う人がいるか」を考えて、あらためてお客さんの欲求（ニーズ）に当てはまるかを探っていきます。

そうした一連の流れで役立つのは、やはりベタですが“ググる”こと。

私の場合、商品にしたいものが「カリフォルニアワイン」でしたから、「ワイン　カリフォルニア」や、カリフォルニアワインの特徴である「ワイン　濃厚」などのキーワードでググってみたのです。

今だと「ワイン　カリフォルニア」であれば1480万件、「ワイン　濃厚」であれば2670万件のサイトにヒットします（2023年12月時点）。

このような検索結果を見るだけでも、カリフォルニアワインには、ある程度の市場規模がありそうなことがうかがえます。

次に、アマゾンや楽天の売れ筋ランキングをチェックしてみます。これは単に、どんな商品がたくさん売れているかをチェックするということではありません。

確認すべきなのは、ランキングのカテゴリーに、自分が「商品」にしたいと考えたものがあるかどうかです。

たとえば、楽天のランキングには、「花・ガーデン・DIY」というカテゴリーがあり、そのなかに「花・観葉植物」というサブカテゴリーがあります。

さらに「花・観葉植物」は、「ドライフラワー」「盆栽」などと並んで「観葉植物」という細かい区分けがされています。

「観葉植物」のように、1つのカテゴリーとして存在するということは、そのカテゴリー全体で1日に数百万～数千万円売れていることが想像できます。

つまり、それだけお客さんに求められているカテゴリーであり、ニーズが高いということです。

もっと詳しく商品の市場規模を知りたいときにはどうすればいいのか？またカリフォルニアワインを例に説明しましょう。

「Wine Business」というワイン業界のニュースを扱う英語サイトによると、2022年の日本へのカリフォルニアワイン輸出合計額は、１億900万ドルでした（https://www.winebusiness.com/news/article/268366）。

１ドル140円換算で、約153億円分のカリフォルニアワインが、日本に輸入されていることがわかります。

ヒアリングベースで確認した販売価格に対する輸入元の仕入れ原価率は「30%」なので、カリフォルニアワインの国内市場規模は、販売価格ベースで約510億円と推定されます。

さらに具体的に見てみましょう。

ワイン大手のメルシャンが発表した（http://wine-bzr.com/topic/column/14883/）日本のワイン市場における業務用と家庭用の割合（25%：75% 2019年）からすると、カリフォルニアワインだけでも約383億円がワインショップや百貨店・スーパーなどで家庭用に売られていると推測できます。

さらに、経済産業省が発表した電子商取引に関する市場調査の結果（https://www.meti.go.jp/press/2022/08/20220812005/20220812005.html）にあるEC化率（電子商取引が占める割合）が8.78%なので、カリフォルニアワインだけでも約34億円が、ネット通販で流通していると推定できます。

私が以前、マーケティング会社に聞いたところ、楽天でのカリフォルニアワインを含むワイン総販売額は、およそ280億円とのことでした。2019年時点でのカリフォルニアワインの日本への輸入数量は、国別で第５位（全体の約５%）。楽天内で想定される市場規模は約14億円です。

私が以前、ECデータ会社のニントで確認したところ、楽天内で私のショップがカリフォルニアワイン市場の25%を占めており、3億5000万円という数字は、実際の売り上げにほぼ合致しますから、かなり現実に近い数字が導き出せているはずです。

Point

自分が扱いたい商品の市場規模を探ってビジネスの伸びしろを知っておきましょう

11 ランキングをチェックしてそのなかでニッチを探る

もう1つ例を示して、さらに掘り下げて理解を深めましょう。扱う商品が観葉植物だとしたら、次のように考えます。

まずは、業界全体の市場規模（売上高）を「観葉植物　市場規模」とググります。いくつか候補があるなかで参考にしたのは、農林水産省の統計データ（https://www.maff.go.jp/j/seisan/kaki/flower/attach/pdf/index-15.pdf）です。

ここでは、花き（観賞用の植物）の国内消費額が約1兆1000億円となっています。

国内産出額は3296億円ですから、花き全体の消費額に対する原価率は約30%になります。

花き 国内消費額	花き 国内産出額	推定 原価率
1.1兆円	3296億円	30%

鑑賞用植物の市場規模をチェック

	国内 産出額	推定 原価率	市場規模	EC化率	通販市場 規模
観葉植物	143億円	30%	477億円	8.78%	42億円
洋ラン	327億円	30%	1090億円	8.78%	96億円
バラ	137億円	30%	457億円	8.78%	40億円

この30%で観葉植物の国内産出額を割り戻せば（143億円÷30%）、観葉植物の市場規模を予測することができます。

つまり、観葉植物の市場規模は477億円と推計されます。**EC化率を8.78%とすると、ネット通販の市場規模は42億円となります。**

ここに洋ランやバラなども入れると、ネット通販の市場規模は178億円になります。

この数字が多いか少ないかは、人によって感じ方が違うかもしれませんが、ビジネスチャンスは十分にあると考えられるでしょう。

なぜなら178億円の１%でもシェアを獲得することができれば、年商１億7800万円になる計算なので、小規模事業主にとっては十分な市場があることがわかるからです。

またEC化率は今後もアップすることが予想されますから、ネット通販の市場規模は伸びしろが期待できるといえます。

多くの人は「ニッチ」というと、「限られたマニア向け」「あまり売れない」

といった先入観を抱きがちですが、私の考える「好き」を商品に変えたものは**「広く受け入れられるもののなかにあるニッチ」**です。

だからこそ、最初にお客さんの欲求（ニーズ）を考えて当てはめていくのです。その点、楽天の商品カテゴリーが存在するジャンルは、「すでに広く受け入れられている」という証拠ともいえます。

そのすでに存在する市場のなかでニッチを狙い、ほかにはない自分ならではの「商品価値」を提供することができれば、小規模事業主にとっては大きな売り上げを見込めると考えられるのです。

さらに、ランキングをチェックしていると、ニッチな商品のアイデアも浮かびやすくなります。

たとえば、Tシャツ1枚にしても「こんな色があったらほしいと思う人がいるんじゃないかな」「子ども用をつくったらいいかもしれない」などと思いつくかもしれません。

キッチングッズだったら、「キャンプでも使えるようにアレンジしたらいいかも」「男性も使えるように落ち着いた色にするのはどうだろう」などとアイデアが広がっていくでしょう。

私は今でも、ランキングは毎日チェックしています。

以前は、日本の主要ECモールの販売データを分析して報告してくれる前述の「ニント」というツールを導入して、他店の売り上げをチェックしていました。

でも、月々5万円以上かかる費用を考えると、結局、無料でチェックできるアマゾンや楽天のランキングをチェックしていればいいと気づき、「ニント」は解約したのです。

Point

広く受け入れられる商品カテゴリーの中で「ニッチ」なところを攻めましょう

12 お客さんのどんな問題を解決できるかを探る

自分が売りたい商品には、ある程度の市場規模があることがわかった。

でも、ほんとうに売れるかどうか、まだ確信が持てない……。

そんなときは、「その商品はお客さんのどんな問題を解決できるか」を考えてみましょう。

私が扱うカリフォルニアワインを例に考えてみましょう。

私がワインを売ろうと考えたころには、すでにワインの通販サイトはたくさんありました。

そんななか、カリフォルニアワインがお客さんのどんな問題を解決できるのか？を考えてみたのです。

私のまわりでワインに興味がある友人や知り合いの多くは、ワインを買うときに「ハズしたくない」という思いが強い傾向がありました。つまり、渋すぎたり酸っぱすぎたりするワインを買ってしまって、ガッカリしたくないと考える人が多かったのです。

その点、カリフォルニアワインは、前述したように生産した年や産地によるあたりハズレが、ヨーロッパのワインより少ないのが特徴です。

また日照時間が長いという特性もあって、カリフォルニアではブドウをしっかりと成熟させることができるため、ひと口目からブドウの味が楽しめるものが多く、ハズす確率が低いといえます。

次に、ワインに興味はあるけれど、ラベルを見ただけだと、どれが自分好みのワインなのかを判断するのが難しいという問題もありました。つまり、「どんなワインかわかりづらい」ということです。

これについても、カリフォルニアを含むアメリカのワインのラベルは、ヨーロッパのものよりシンプルでわかりやすいです。

アメリカでは、75%以上同一品種のブドウが使われていれば、「カベルネ・ソーヴィニヨン」「ピノ・ノワール」など、その品種をラベルに記載できるというルールがあります。

そのため、自分の好みのブドウの品種がラベルに書かれているものを選べば間違いは少ないので、わかりやすいのです。

さらにカリフォルニアワインには、ヨーロッパで生産されているブドウと同じ品種でも、気候などの関係で濃厚な“果実味”を味わえるという特性があります。

そこで私のショップでは、よりリッチな味わいが楽しめるワインを優先して品ぞろえすることで差別化していったのです。

ワイン以外にも、例をあげてみましょう。

前述したレッグウォーマーの専門店（23ページ参照）であれば、まず「足元が冷える」というお客さんの悩みの解決につながります。女性は、冬場だけでなく、夏場も冷房による冷えに悩む人が多いですよね。

実際、レッグウォーマーは、季節を問わず売れるそうです。

このレッグウォーマーの専門店では、「岩盤浴石」とも呼ばれている希少な「北投石（ほくとうせき）」を付着加工したというレッグウォーマーを販売しており、足を芯（しん）から温め、なおかつその温かみが続くと評判になっています。

さらに、レッグウォーマーは、ファッションの一部としても活用されます。そのため、ベーシックなカラーだけでなく、カラフルなレッグウォーマーもとりそろえて、「オシャレのアクセントがほしい」という悩みにも応えているのです。

ある地方の焼酎に特化しているショップでは、お客さんの希望によってオリジナルのラベルに変更するサービスを提供しています。

そうすることで「おいしい焼酎が飲みたい」という課題だけでなく、「オリジナルのギフトを用意したい」「印象に残るお酒を贈りたい」といった問題も解決しているといえるでしょう。

子どもの誕生日会などに使う、バルーンギフトの専門店は、「手軽に子どもたちのパーティを盛り上げたい」という悩みを解消しているといえますし、特定のキャラクターがついた財布やバッグのお店は、「キャラクターグッズを持ちたい」という願望をかなえるといえるでしょう。

このように、自分の考える商品が、「お客さんの問題の解決」や「お客さんの願望をかなえる」ことにつながるのであれば、ニーズがあると確信できるはずです。

Point

自分が扱う商品でお客さんが抱える問題を解決し、願望をかなえましょう

13 商品の魅力を伝える「ストーリー」を考える

「好き」を商品にするには、広く受け入れられるもののなかにあるニッチを探す。そして、そのニッチに対するお客さんの欲求（ニーズ）を調べ、お客さんのどんな問題を解決できるのかを考える。そうやって、「何を売るか」が具体化してきたら、次は「どうやって売るか」を考えていきましょう。

どれだけよい商品で、お客さんの悩みを解決できても、売り方がよくないと、売れるものでも売れません。商品のよさを目いっぱい引き出すために、**最も大切なポイントは「ストーリー」**です。

ストーリーというと「なにか物語をつくるの？」と思うかもしれませんが、ここでいうストーリーとは、**商品にまつわるエピソードで「お客さんの共感を誘う話題」**のことです。

人は、洗剤やトイレットペーパーのような生活必需品以外の買い物をするとき、「買おう」という決断に「感情」が大きく働きかけます。

そのとき、商品の背景にストーリーがあることによって、お客さんのなんらかの感情を呼び起こして購買行動を促すのです。だからといって、無理やり感動する話をつくり出す必要はありません。

単に「おいしい！」「便利！」とアピールするよりも、「この味に出合うまで、日本全国のしょうゆを100種類以上試しました」とか「息子のひと言がきっかけで、この商品が生み出されました」といった実話が背景にあると、お客さんは共感しやすくなるのです。

そうしたポイントを、あなたの「好き」から見つけ出しましょう。

私のショップで売れ筋商品となったカリフォルニアワイン「ナパ・セラーズ」は、ショップで扱いはじめてから、すぐ爆発的に売れ出したわけではありません。当初は「置いておくとコツコツ売れる」といった程度でした。

そんななか、「ナパ・セラーズ」についてあれこれ調べていたときに、ちょっとした情報にぶつかりました。

グーグルマップで「ナパ・セラーズ」を検索してみたところ、最高級カリフォルニアワインの代名詞でもある「オーパス・ワン」のワイナリーがすぐ近くにあることがわかりました。距離を測ってみると、わずか1.6マイル（約2.6km）しかありません。

そこで私は、「ナパ・セラーズ」の商品説明に**「『オーパス・ワン』の向かいにあるワイナリー」**というストーリーを加えました。

高級ワインの「オーパス・ワン」が生産されている一等地のすぐ近くに、ひっそりとたたずむ小さなワイナリーが、なぜこんなにも安価なのか。そのストーリーを加えたことで、「ナパ・セラーズ」は爆発的に売れるようになったのです。

こうした商品のストーリーは、私のように、ショップを運営しながら、あとから加えていってもいいでしょう。

でも、できればサイトをスタートする前に、いろいろと角度を変えていくつか考えておくと、実際にショップをスタートしたときに、よりスムーズな運営の原動力になってくれます。

Point

お客さんの共感を誘う、その商品ならではの知られざるストーリーを伝えましょう

STEP

2

小さく
はじめて
大きく育てる

14 「時間」を売らずに「商品」を売る

STEP１では、自分の「好き」をどうやって商品にするかお伝えしました。

このSTEP２以降では、実際に「好き」を商品にして稼ぐためにやるべきことを、順をおってお伝えしていきます。

実際にショップサイトを開設する前に、知っておきたい大切なポイントがあります。

ここを間違ってしまうと、「好きなことをするためにはじめたはずなのにツラい……」という真逆の状態に陥りかねません。

そうならないように気をつけたい最大のポイントが、**「自分の時間を売らずに、商品を売るように設計する」**ということです。売るものは、時間ではなく商品だということを心に刻んでおきましょう。

多くの人がハマってしまいがちなのが、「好きなことだから、いくら時間を費やしても楽しい」と思って、「自分の時間を最大限に使って稼ごうとする」という落とし穴です。

たとえば、私のようにワインが大好きで、ワインに関する仕事をしようと思ったとしましょう。そこで「ソムリエ」という選択肢が魅力的に見えたとします。

でも、一歩踏み出す前に、立ち止まって考えてみてほしいのです。

ソムリエという仕事は、ワインの専門知識を持ち、ホテルやレストランなどで、食事に合うワインを提案する仕事です。その道で一流を目指せば目指すほど、現場で働く時間が長くなり忙しくなります。

でも、好きだからといって、自分の時間を使って稼ごうとする落とし穴にハマると、最悪の場合、体を壊したりして生活を脅かすことにもなりかねません。

なぜこういうことをいうのかというと、そうして「好き」なことが嫌いになってしまうパターンがよくあるからです。

もちろん、ソムリエはワインを通じて、お客さんの時間を充実したものにできる素晴らしい仕事です。

ただ、自分の「好き」を事業として大きく成長させる可能性を残したいのであれば、自分の時間を売って対価を得るだけでは、限界があるのです。

もちろん、そうしたことを承知で「お客さんと接するのが好き」など、なんらかの明確な理由があって、ソムリエという仕事を選ぶのであればいいと思います。

ただ、本書でお伝えすることを実践していただければ、**あなたの「好き」を自分の時間と引き換えにすることなく、「お金」に変えることができます。**

そして、時間を売らなくても、商品を売ることで稼ぐことができるのですから、人生の選択肢が増えるわけです。目先の「好き」だけにとらわれず、将来、自分が苦しくならないように設計するという選択肢があることを知っておいてほしいのです。

Point

できるだけ自分の時間を費やさなくてもいいビジネスモデルを築きましょう

15 「時間」を売らずに「商品」を売る4つの方法

では、どうすれば「好き」を商品にして、「時間」を売らずに商品を売れるのか？

そのために考えておくべき、重要な4つのポイントをお伝えしましょう。

❶客単価をできるだけ上げる
（同じ種類の商品なら単価が高いほうを選ぶ）

1つ目のポイントは、「客単価をできるだけ上げる」ことです。

わかりやすくするためにシンプルにいうと、商品を選ぶ時点で、1個30円のものよりも1個3000円のものを選ぶ。いくら「好き」だからといって、1個30円のアクセサリーのパーツをバラ売りしていたら、梱包や配送作業に追われるばかりです。

その場合、完成したアクセサリーのサンプルを提示して、必要なパーツをセット販売するなど、客単価を上げる工夫をしましょう。

❷リピートしてくれる（定期的に支払ってくれる）ものを考える

2つ目のポイントは、リピートしてもらえるようにすることです。

商品を決めるとき、たとえばネコが好きだとしたら、ネコ用の高性能なトイレは、一度買ったらなかなか買い替えないでしょう。でも、トイレ用の猫砂や毎日食べるオヤツだったら、リピートしてくれる可能性は高まります。

さらにネコ用のサプリなど、定期的に購入してくれそうな商品のとり扱いを考えるのも選択肢の1つです。

❸法人向けも視野に入れる

これは個人客だけでなく、会社・業者に販売することも考えるということです。

たとえば、オーガニックの洗剤を扱おうとするのであれば、一般の消費者に販売するだけでなく、レストランや食品工場なども販売先として考えます。

法人向けのよいところは、個人向けよりも1回あたりの注文のボリュームが大きくなりやすいこと、それに一度気に入ってもらえればリピート顧客となり、繰り返し買ってもらいやすいことです。

❹仕入れやすいものにする

商品は、できるだけ仕入れやすいものを中心にそろえましょう。

海外でしか手に入らないレアな商品などは、希少価値は高くなりますが、肝心なときに手に入らない可能性があり、販売機会を逃すことになりかねません。

また、ハンドメイドのバッグや服を商材として考えるとします。その場合、「仕入れ＝自分の労力」になると、大量に販売するためには、自分の「時間」を売ることになります。

自分の手でつくることにこだわらず、ハンドメイドの商品の展示会などに行き、パートナーを10人、20人と見つけて作成を依頼するなど、自分自身の時間を極力使わなくてすむ仕組みを考えておいたほうがいいです。

――もちろん私自身も、これら4つのポイントは意識しています。

私のショップは、アマゾンや楽天などのECモールでは客単価が約2万円、自社サイトだと約3万円です。

ショップで扱うワインのラインアップは１本1000円からありますが、平均単価は約3500円です。

それが客単価になると、ECモールで約２万円、自社サイトでは約３万円になるのは、セット販売や類似品の提案など、まとめ買いしやすくする工夫をしているからです。

ワインは消耗品なのでリピート需要を期待しやすい商品ですが、競合サイトも数多くあるため、後述するようにメルマガの発行で接触回数を増やすなど、お客さんとのつながりをできるだけ密に太くして、リピートしてもらうための仕組みもつくっています。

また、全体の売り上げの１割ほどは、飲食店など法人向けです。

ただし私のショップの場合、法人向けの客単価は、個人のお客さんと比較して低い傾向にあります。

飲食店向けの客単価が個人に比べて低いのは、店舗内でワインをストックしておくスペースが狭いことが考えられます。そのぶん、頻繁にリピートの注文が入るのが特徴です。

レアなワインや超高級ワインなどを仕入れることもありますが、屋台骨となっている売れ筋商品を品切れにしないことには、最大限気を配っています。

Point

できるだけ高単価でリピート向き、なおかつ仕入れやすい商品を扱いましょう

16 リピート向きでない商品も アイデア次第で克服できる

これら4つのポイントを、すべて満たす商品を用意するのは、ハードルが高いと思うかもしれません。また、あなたの考える商品が、いずれかの条件を満たしていないとしましょう。

私が楽天の出店者に指導するときにも、よく聞くのが、**「いい商品なのですが、リピートしてくれそうもありません」**ということです。

たとえば、「こだわりの布団を売りたい」と考えたとします。腰痛などでつらい思いをしているお客さんの助けになるでしょうし、単価も高いです。また、ホテルなど法人で扱ってもらえる可能性もあります。

ただし、長く使うものなので、一度購入したら、なかなかリピートは難しいでしょう。

そんな場合でも、たとえば、布団のメンテナンスやリペア（修理）のサービスを提供する。もしくは、安眠できる枕やパジャマなどの関連商品も扱うことで、リピートしてもらえる可能性は高まります。

また、特別な加工を施した「こだわりのフライパン」を扱うとします。

このフライパンを使えば、時短で料理がおいしくつくれる。レストランや料理教室など法人の需要も考えられますが、フライパンは長く使えるものなので、リピートはしてもらいにくい商材です。

そうであれば、**「もし自分が、このフライパンを使うのであれば、ほかにどんなものが必要か」**を考えるといいです。

油を使わないフライヤーや、スチームで調理できるレンジなど、同じように便利な調理家電もいいですし、片手で中身を出しやすい調味料入れやパスタがサッとすくえるおたまなどのグッズも考えられます。

ほかにもエプロンやスリッパ、キッチンマットなど、キッチンで使えるものなら、たいていは必要とされるはず。そうした関連商品もあわせて扱うなど、ちょっと視野を広げてみることで、実現が近づいていきます。

Point

どんな商品でも関連する商品やサービスを提供すればリピートする確率が高まります

17 事業計画書はいらないけれど、押さえておくべき数字

数字や会計というと、「苦手なんですよ……」と、すぐに拒否反応を示す人が少なくありません。

会社の経営者でさえ、「数字はすべて税理士さんにお任せ」というケースが少なくないのも事実です。

でも、自分の事業の数字に関心を持たないのは、成功に向かって全力で逆走しているようなものです。

もし売れば売るほど赤字になる商品を全力で売っていたとしたら、これほど無意味なことはありませんよね。

　幸いなことに私は以前、財務や会計の仕事をしていたため、数字に対する拒否感はありませんでした。

　だからこそ、状況を数字で把握して対策を打つこともできます。もちろん、数字を把握するだけで成功できるわけではありません。しかし、自分のショップの運営状況をきちんと把握するうえで、数字は武器になります。

　数字は客観的に現状を表しているからです。

　ショップをはじめようとするときには、念入りにつくり上げた「事業計画書」が必要とされていますが、私は必ずしもそうではないと思っています。

　どれだけ数字を練り上げて将来を予測したとしても、その通りに事業が進むことはほとんどないからです。私自身もそうでしたし、ほかのショップ運営者に聞いても、同じようにいう人が多いです。

　どのくらいの利益を得たいのかを念頭に置きつつ、まずはその数字に向かって一歩踏み出し、あれこれと修正しながら進んでいくほうがよほど有益です。

　実際に役に立たない“架空の数字”に、振りまわされる必要はありません。

　逆に、事業展開しながら収入と支出、手元資金など、現実に即した数字を把握することは、とても大事です。

　私は、ムリに数字を好きになってほしいわけでも、難しい会計の用語や知識を覚えてもらいたいわけでもありません。

　ただ、私がこれまでの12年間、「好き」を仕事にして成長してきた経験から、必ず押さえておきたい数字はあります。

　多くの場合、個人で事業をはじめると、「今の給料と同じくらい収入を得られるようになればいいな」「今の生活費くらいの利益が残ればいいな」など、今の収入や生活費をベースに利益を考えがちです。

でも私は、商品の原価をベースに「この商品ならどれくらい稼げるか」を算出して、利益を確保することが大事だと思っています。

「それって、どういうこと？」と思われたかもしれませんね。

数字に関して知っておくべきことは181ページからのSTEP6で詳しく説明しますが、とにかく必要な数字を知り、味方につけることで、「好き」を商品にしたショップが成功する確率が格段に高まることだけは、この時点で知っておいてほしいです。

Point

ショップ運営にまつわる数字を押さえておくことで経営を効率化しましょう

18 準備3割でスタート、あとはやりながらでOK

私が楽天の出店者のみなさんにレクチャーするとき、繰り返しお伝えしていることがあります。それは何事においても、**「準備が3割できたらスタートして、やりながら完成に近づけていきましょう」**ということです。

どれほど時間と労力をかけて準備をして、「99%の完成度」だと思っても、時間がたてば「もっと、ああすればよかった」「こうしたほうがよかった」といった点が必ず出てきます。

時間をかけすぎて波に乗り遅れるよりは、3割の完成度からはじめて、追いかけながらフォームを修正していったほうが、うまく波に乗れると私は考えています。

私自身、販売サイトのデザインを何度も更新していますし、商品ページの説明や画像も、つねに見直して、そのときのベストに改善しています。

あくまでも、その時点でのベストなだけであって、完璧なわけではありません。つねに進化させるべきものなのです。

つねにブラッシュアップすることを前提に考えれば、スタートするのは早ければ早いほうがいい。そして、改善しながら進化していけばいいのです。

たとえば、物騒なたとえ話になりますが、拳銃を撃つときには「構えて→標的を狙って→狙いを定めて撃つ」のが基本ですが、ビジネスの世界であれば**「構えたらまずは撃つ→標的の反応を見て撃ち続けながら狙う」**のが正解だと思ったほうがいいです。

ただし、むやみやたらに撃ちまくろうとすると、走りながら転んでケガをしたり、必要なときに弾切れしてしまったりするかもしれません。

そうしたリスクへの対処法は、これから本書で細かく説明していきますが、この時点では「完璧に準備してからにしよう」とは考えず、準備が3割できたら小さくスタートして、大きく育てていくことのほうが大事だということを覚えておいてください。

Point

完璧に準備するよりも、一歩踏み出して進みながら考えて補正していくほうがいいです

19 お客さんがいないとなにもはじまらない

多くの人は、ネットショップを開業したら、黙っていても「お客さんは自然に増えていくだろう」と思い込みがちです。

しかし、どれだけいい商品を売っているつもりでも、お客さんが自然に増えるということはないと思ってください。**「集客」が欠かせないのです。**

インターネット上にショップをオープンしたからといって、その日から注文が殺到するということは、まずありません。どれだけお客さんに役立つ商品でも、どれだけいいショップをつくったとしても、それは同じです。

開業したばかりのショップは、広大な海原にスポイトで垂らした1滴の水滴のようなもの。まずはお客さんに存在を知ってもらい、ショップに来店してもらう必要があります。

私も「最初はお客さんが増えるまで多少時間はかかるだろうけれど、ちょっとずつ増えて自然に売れるようになるだろう」と漠然と思っていました。

だから、サイトをオープンして2カ月たっても「まったく売れないのはおかしい」「ショップサイトに問題があるに違いない」と思い、自分で試しに購入してみたのです。

その結果はお伝えした通り、サイトにはなんの問題もなく、単にお客さんがいなかっただけでした。

それから私は遅まきながら「集客」について学び、トライアル＆エラーを繰り返すなかで、リスクは最小限に抑えつつ、最大限に集客できる方法を身につけていったのです。

のちほど改めて詳しく説明しますが、ネット通販の売り上げは、次の公式で表されます。

売り上げ ＝ アクセス数（訪問者数）× 成約率（購入率）× 客単価

つまり、お客さんがサイトに訪問してくれず、アクセス数がゼロだと、売り上げはゼロになるわけです。だからこそ、集客が大事になるのです。

集客というと、「広告を出す」ことを思い浮かべる人が少なくないでしょう。

この点についてはSTEP８で詳しくお伝えしますが、ネット広告は即効性がある手段もありますが、時間をかけてじっくりファンを増やしていかなければならない場合が少なくありません。

また、ほかのさまざまなメソッドと合わせて展開することで、着実にお客さんに来訪してもらえるようになるため、まずは大前提として「集客が必要」と認識し、少しずつ手を打っておくことが大切だということを知っておいてください。

Point

「売り上げ ＝ アクセス数（訪問者数）× 成約率（購入率）× 客単価」をつねに頭に入れておきましょう

20 ブログより気軽にはじめられる

よく、副業を考えている人、定年後の収入源を探している人などから、**「ネット通販とブログを書いて稼ぐのとどっちがいいですか？」**と尋ねられることがあります。

収入を得るためにブログを書くメリットは、「金銭的なリスクが少ない」「誰でもはじめられる」「スキマ時間にできる」ことなどがあります。

一方、これまでネット通販は、「資金が必要」「顧客対応に手間がかかる」「梱包や配送などの作業が多い」といったイメージが強かったです。

しかし、ここまでお伝えしてきたように、さまざまなテクノロジーやサービスの進化のおかげで、ネットショップは元手0円でも、週1回・月1回パソコンを開くだけでも運営できるようになっています。

もはや、ネタを探して記事を書き続けなければならないブログをはじめるよりも手間なく運営していけるとさえいえます。

またブログで得られる収益は、10円、100円単位の金額を細かく積み重ねていくものです。一方で、ネット通販は商品単価にもよりますが、まとめ買いなどの施策をすれば、客単価を数千円、数万円とアップすることが可能です。実際に数百万円単位の受注をいただくこともあります。

こう説明しても、ブログとネット通販は、そこまで違いはないのでは？と思われたかもしれません。**しかし、ネット通販がブログと圧倒的に違う点があるのです**。

それは「顧客名簿」という継続的なビジネスにとって、大きな財産となるものを蓄積できることです。

顧客名簿の重要性は日本では江戸時代から知られていて、当時は「大福帳」(売り掛けの記録) と呼ばれ、商人は火事が起きたら大福帳を井戸に投げ込んで、燃えないようにして逃げたともいわれます。

火事で店が焼失しても、大福帳があれば立て直せると考えられたからです。

顧客名簿があれば、一度買ってくださったお客さんの嗜好に合わせて、オススメ商品を案内することができます。いちげんのお客さんよりも一度買ってくれたお客さんのほうが、圧倒的に購入率は高いですから、顧客名簿は大きな武器なのです。

さらには、関連商品や顧客ニーズに応える商品を提案することも可能です。

ワインであれば、似た味わいのワインを提案することもできますし、ワイングラスや単価の高いワインセラーを提案することも可能です。

ワイン会などのイベントを開催することもできますし、月会費や年会費によってワイン好きが集まるコミュニティをつくることも考えられます。

一方、ブログの収入源は、大半が「アフィリエイト」(成果報酬型広告) であり、記事を読んだ人が興味を抱いた広告の企業から商品を購入することで、手数料を得られます。

それだと、たとえ商品を気に入ってリピートしたとしても、ブログの執筆者とつながることはありません。

その点、「好き」を商品にすることができたら、継続的につながりを持てるということも魅力の1つです。同じ嗜好を持つお客さんに繰り返し購入してもらったり、さらに別のものを紹介して喜んでもらったりすることができます。

実際、私のショップでは、10年以上も継続的に買い続けてくださっているお客さんが少なくありません。

もちろんブログを否定するわけではありませんし、ブログを書くのが好きな人は自分が書く文章への反応を楽しめばよいと思います。

私自身はお客さんと交流する楽しみを持ち続けたいので、断然、ネット通販をオススメします。

Point

「顧客名簿」を活用して自分のビジネスをどんどん充実させていきましょう

21 「売る」とは「幸せ」を提供すること

私は「モノを売る」とは、そのモノを通じてお客さんに「幸せ」を提供することだと思っています。きれいごとをいうようですが、本当にそう思っているのです。

私の場合、自分自身が大好きなワインを買ってもらって、「いいワインを紹介してくれてありがとう」「おいしかったよ、ありがとう」などと、お礼のメッセージをいただくときが、「"好き"を売っていてよかった！」と心底思える瞬間です。この至福の瞬間を味わえるのが、「好き」を商品にして売ることの醍醐味です。

だからこそ、しっかりと利益をちょうだいして、その利益をお客さんに新たな商品価値を提供するために使う。こうした好循環を築くことで、売るほうも買うほうも、ともに幸せになっていきます。

ところが、せっかくお客さんに喜んでいただいているのに、「利益を受けとる」ことをためらう人がいます。

「"好きなもの"を売っているのだから、それで十分」「喜んでもらえるだけで幸せ」などと、むやみに単価を下げたりして、自分が受けとる収益を減らそうとしてしまうのです。

日本は「清貧」が尊ばれる傾向がありますから、お金を稼ぐことは「ガメつい」「強欲」など、よくないイメージを抱く人がいることはたしかです。

しかし、お客さんがお金を支払ってくれるのは、商品に値段相応の価値があると思ってくれるからです。そうでなければ、商品を買ってくれません。

モノを売って適切な利益を得るのは真っ当なことであり、罪悪感を覚える必要などありません。

お客さんに商品を買ってもらい、お客さんがなんらかの問題や悩みを解消して喜んでくれる。特に「好き」を商品にしている場合、利益をあげるためだけに「売れるモノを右から左に流している」のとは違います。

「好き」を商品にして売るというのは、自分の「好き」を同じ価値観を持つ人に提供して、お金をいただいているということ。お互いにハッピーになれるのですから、収益は堂々と受けとればいいのです。

Point

お金を稼ぎながらお客さんをハッピーにしましょう

STEP

3

経験ゼロからでも稼ぐ力を身につける

22 商品をイメージしやすい ショップ名がいい

ネットショップを開店する前に、決めておきたいことの1つに「ショップ名」があります。

ショップ名は、お客さんに覚えてもらうと同時に、自分のショップの"世界観"を表現するものでもあります。

ショップ名を決めるときに大切なのは、お客さんが目にした瞬間に「どんな商品を扱っているか」を想起（イメージ）しやすくすることです。

たとえば、ワインを扱うショップなのに「木之下商店」という名前だったら、なにを売っているのかわかりづらいですよね。

また「ワイン」というキーワードが入っていないと、ワインを探しているお客さんが検索したときにヒットしづらくなるので不利になります。

「ワインショップ」「ワイン倶楽部」のようにしなくても、たとえば「カリフォルニアワインの専門店　木之下商店」のように扱っている商品をうたう方法もあります。

アマゾンや楽天で、もしくは通常のネット検索をするとわかりますが、それぞれの分野で「お口の専門店」「眠りの専門店」「すっぱい林檎の専門店」など、専門性をアピールするショップがたくさんあります。

まずは、自分が扱う商品の既存店には、どんなショップ名があるかをリサーチするところからはじめてみるといいでしょう。

もう1つ大切なポイントは、**「覚えてもらいやすい」名前にする**ことです。

私が運営する「しあわせワイン倶楽部」には、「ワインを通じて幸せを届ける」という思いを込めています。

同じ願いを込めたとしても、「しあわせワインお届けクラブ　木之下商店」「幸せを届けるワイン専門店　木之下商店」などだったとしたら、ちょっと表現がまわりくどく、長すぎることもあってお客さんが覚えにくいでしょう。

まずはいくつかショップ名の案を書き出して、自分なりに取捨選択しつつ、数案に絞り込んだタイミングで家族や友人・知人に客観的な意見をもらってみるのも手です。

今であれば、X（旧・ツイッター）やフェイスブックなどのSNSでアンケートをとってみてもいいでしょう。

ショップ名は一度決めたら変えられないわけではありません。楽天では規約上、半年に1回、名前を変えてもいいことになっていますし、実際に名前を変えたショップも少なくありません。

もちろん、最初から自分たちのイメージにピッタリで覚えやすい名前が浮かんだら、あえて変える必要はありません。

でも、お店は時間とともに変化し、成長していく面があります。もし、自分たちの本当の強みが、あとから見つかったら「変更してもいい」くらいの気持ちでいても差し支えありません。

Point

どんな商品を扱っているかがショップ名からわかるようにしましょう

23 「個人事業主」か「法人」か 運営形態を選ぶ

ショップを運営するときは、「個人」であるか「法人」であるかを選ぶ必要があります。

私は、独立するにしても、副業にしても、これから事業を運営する場合、**基本的には「個人事業主」としてスタートするのがいい**と考えます。

なぜなら、個人事業主は、登記の手続きなどが必要な「法人」と違い、税務署に「開業届」を出すだけで、シンプルに手続きが完了するからです。

個人事業主が開業する際に必要なのは、事業にかかる費用だけですが、法人だと会社設立に必要な登記費用が、**株式会社は最低でも約25万円、合同会社でも10万円以上かかります。**

また法人は、会社印の購入や社会保険の加入も必要です。個人事業主と法人の違いを表にしたので、次ページをご参照ください。

「法人は経費として認められる金額が多いと聞くので、会社を設立したほうがいいのでしょうか？」と聞かれることがあります。

個人事業主でも、所得を得るために使った経費は認められますが、法人は、法的には「会社として利益を得ることが目的であり、それ以外の活動はしていない」と考えられます。そのため、すべての事業活動に費やされた費用が原則として経費と認められるので、その範囲が比較的広いといえます。

とはいえ、なんでもかんでも経費にできるわけではありませんし、所得額によっては法人になったほうが、税額が高くなる状況も考えられます。

	個人事業主	法人
届け出	開業届、青色申告承認申請書（A4 1枚紙を提出程度と簡単）	法人登記（設立登記申請書、実印、定款作成など煩雑）
名称	屋号	法人名
事業開始までにかかる費用	0円	法定費用約25万円
資本金	不要	1円からOK ※ただし資本金は開業時に銀行借り入れを行うなら創業時の運転資金程度が必要
税金	所得税（5～45％） ※累進課税のため、利益が少額だと納税額も少ないが利益が大きくなると法人税を大幅に上回る	法人税（19～23.2％） ※赤字でも法人住民税7万円発生
経費	事業にかかる費用のみ経費計上可能※個人と事業を分けることが難しい支出は注意が必要	事業にかかる費用のほか、自身の人件費も経費計上可能。支出を法人名義で分けることができるため支出の区分けが明確で費用計上が柔軟
赤字の繰り越し	3年 ※青色申告必要	10年
会計・経理処理・青色・税務申告	比較的簡単	会計・税務の知識が必要、個人ですべてやるのはかなり難しい
保険・年金	国民健康保険・国民年金	社会保険・厚生年金
社会保険（従業員分含む）	事業者負担分なし（5人未満の場合）	会社負担分あり ※個人が払う保険料と同額を会社が払う必要あり

また、法人はスタートしたばかりの1、2年目で、仮に赤字だったとしても、一定の税金を払わなければなりません。

そのため、**一概に「個人事業主より法人のほうがトク」とはいえない**のです。

Point

最初は手続きが簡単な個人事業主からスタートするのがオススメ

24 個人事業主と法人、どっちがトクなのか？

私自身は、最初は個人事業主としてスタートして、**売上高1000万円を超えたら法人化（法人を設立）**するのがいいと思っています。

その理由の1つが、**個人事業主で課税売上高が1000万円を超えると「翌々年」から「消費税の納税義務」が発生する**からです。

売上高1000万円を超えた「翌年」までに法人化すれば、消費税の納税義務はなくなりますから（資本金1000万円未満の場合）、このタイミングで、いったん個人事業を廃業し、新たに法人として事業をはじめることを考えてもいいでしょう。

また、個人事業主として所得（収入から必要経費を引いて残った額）が330万円を超えると、所得税率が法人税率を上まわります。

税引き前利益800万円までであれば、法人税は19%です。

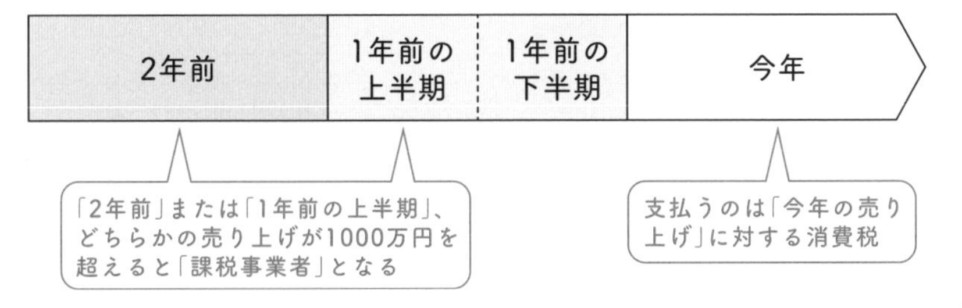

個人事業主の場合、所得が195万～329万9000円以下であれば所得税率10％ですが、330万円以上になると税率が20％と法人税率より高くなります。

もっと詳しく見ていくと、個人事業主は累進課税といって所得が増えるほど税率も高くなり、所得が695万円以上になると所得税率は23％となるため、法人税の最大税率23.2％とほぼ同じになります。さらに所得が900万円以上になると所得税率は33％になり法人より大幅に高くなります。

ただ、所得が330万円になるころには、売上高1000万円を超えてくるでしょうから、いずれにせよ法人化をオススメします。

法人化するとき、「決算月は何月にすればいいでしょうか？」と質問されることがあります。一般的には国や地方自治体の会計年度である3月末が決算月、4月からが新年度とするケースが多いですが、私は**「利益がいちばん多く出る月を年度初めとするのがいい」**と答えています。

なぜなら、利益が多い月から年度がスタートすれば、得た利益をどう配分していくかを、1年かけて考えられるからです。

所得税の税率

課税される所得金額	税率	控除額
1000円から194万9000円まで	5%	0円
195万円から329万9000円まで	10%	9万7500円
330万円から694万9000円まで	20%	42万7500円
695万円から899万9000円まで	23%	63万6000円
900万円から1799万9000円まで	33%	153万6000円
1800万円から3999万9000円まで	40%	279万6000円
4000万円以上	45%	479万6000円

出典：国税庁「No.2260 所得税の税率」〔令和5年4月1日現在法令等〕

	個人事業主	法人
所得税	事業所得に段階的に 5%～45%	給与所得に段階的に 5%～45%
個人事業税	事業所得の5%	かからない
個人住民税	事業所得の10%	給与所得の約10% （調整控除前）
法人税	かからない	約15～24%
法人事業税	かからない	約9%
法人住民税	かからない	約7万円

対象	本則税率	
大法人 （資本金1億円超の法人）	所得区分なし	23.2%
中小法人 （資本金1億円以下の法人）	年800万円超の所得金額	23.2%
	年800万円以下の所得金額	19%

改正概要 【適用期限：令和6年度末まで】

○中小企業者等の法人税率は、年800万円以下の所得金額について19%に軽減されている（本則）

また、課税事業者（消費税を納付する義務がある法人・個人事業主）が対象となる「インボイス制度」がはじまり、課税売上高1000万円以下の免税事業者である個人事業主は、取引先から値引きを要求される可能性があると危惧（きぐ）されています。

なぜなら、インボイス制度では免税事業者と取引をした場合、「支払った消費税」から「受けとった消費税」を差し引いて（マイナスして）支払うことができないと定められているからです。

ちょっとわかりにくいと思うので、次の軽減税率の対象とならないケースで説明しましょう。

- 仕入れ代10万円　の　**消費税１万円**
- 販売価格15万円　の　**消費税１万5000円**

課税事業者との取引であれば、納める消費税は１万5000円－１万円＝5000円ですが、免税事業者との取引では、１万5000円をそのまま、税金として納めなければならず、そのぶん利益が減少するのです。

そのため、利益が減ったぶんを穴埋めしようと、取引先が免税事業者に値引きを要求する可能性があるわけです。免税事業者との取引はしたくないという事業者も出てくるかもしれません。免税事業者であっても「消費税課税事業者選択届出書」を提出すれば、課税事業者となることが可能です。

2029年までは免税事業者からの仕入れでも控除を受けられる経過措置がありますが、その後は状況に応じて対応を検討する必要があるでしょう。

Point

課税売上高が1000万円を超えたら法人化がオススメ

25 事業に必要なら「許認可」を申請する

メルカリなどのフリマアプリで不用品を販売するのとは異なり、事業としてネットショップで商品を販売するときは、保健所や都道府県などに申請して得られる資格や営業許可が必要になる場合があります。

資格や許可を得るには、時間がかかることも多いため、販売する商品が決まったら、早めに確認して、必要があれば申請しておきましょう。

申請が必要な例を紹介します。

◉食品を扱うケース

資格　食品衛生責任者
許可　食品衛生法に基づく営業許可

食品を扱う店舗や施設では、食品衛生責任者を１人以上置くことが定められています。この資格は、各都道府県や政令指定都市の保健所が実施する講習会を受講することで得られます。

ただし、調理師や栄養士などの資格保持者は、同等の知識を持っているとみなされ、講習を受けることなく取得できます。

食品衛生法に基づく営業許可は、食品の販売をするときに必要となるケースがあります。

袋や容器に入っているクッキーを仕入れて売る場合、許可は必要ありませんが、「手づくりのクッキー」や「オリジナルのスイーツ」などを販売する場合は、許可が必要です。

また、生の野菜や果物を販売する場合、許可は必要ありませんが、ドライフルーツやジャムなどに加工して販売する場合は、資格や許可が必要になるなど、判断が難しいことが多いですから、保健所の窓口で確認するようにしましょう。

サプリなどの健康食品も「食品」に分類されるので、製造や加工をする場合、許可や資格が必要となります。

◉化粧品を扱うケース

許可　化粧品製造業許可、化粧品製造販売業許可

基本的に販売だけなら許可は必要ありません。しかし、海外製造の化粧品を直輸入して販売するには「化粧品製造販売業許可」が必要です。

また、化粧品を製造するには「化粧品製造業許可」が必要で、これは包装・表示・保管も含まれますが、この許可だけでは化粧品を販売できません。

◉酒類（みりんを含む）を扱うケース

免許　一般酒類小売業免許、もしくは通信販売酒類小売業免許

アルコール度1％以上のみりんや酒類を販売するには、「一般酒類小売業免許」もしくは「通信販売酒類小売業免許」が必要です。

リアルの店舗で販売するには「一般酒類小売業免許」が必要で、この免許でもネット販売はできますが、事業所のある都道府県でしか販売できないという制限があります。

そのため、全国的に販売することになるネットショップでは、「通信販売酒類小売業免許」を取得しましょう。

「通信販売酒類小売業免許」は、事業所の所在地を管轄する税務署に申請します。ワインのネット通販を手がける私はこの免許を持っています。

また、輸入元の業者を通さず、自分自身でワインを輸入するときは、食品衛生法の基準にのっとって輸入手続きを行う必要があります。

輸出入についての詳しい手続きなどは、日本貿易振興機構（ジェトロ）に無料で相談することができるので、問い合わせてみてください（https://www.jetro.go.jp/services/advice.html）。

◉中古品（衣類、美術品、道具、書籍など）を扱うケース

許可　古物商許可

一度でも使用されたことがあったり、たとえ新品でもなんらかの取引がされたりした物品は「古物」とみなされ、販売するには古物商許可が必要です。古物商許可は、所轄の警察署に申請します。

古物には、具体的に次の13品目が指定されています。

❶ **美術品類**（絵画、彫刻など）
❷ **衣類**（洋服、着物など）
❸ **時計、宝飾品類**（時計、メガネ、貴金属など）
❹ **自動車**（自動車、部品など）
❺ **自動二輪車および原動機付自転車**（バイク、部品など）
❻ **自転車類**（自転車、カゴなど）
❼ **写真機類**（カメラ、望遠鏡など）
❽ **事務機器類**（パソコン、コピー機など）
❾ **機械工具類**（ゲーム機、電話機など）
❿ **道具類**（家具、ゲームソフトなど）

⑪ **皮革・ゴム製品類**（靴、バッグなど）

⑫ **書籍**（マンガ、雑誌など）

⑬ **金券類**（商品券、切手など）

◉輸入品を扱うケース

輸入品については、食品やお酒、調理器具など、許可が必要な品目だけでなく、さまざまな規制の対象となったり、届け出が必要となったりするものが少なくありません。

調理器具は意外に思われるかもしれませんが、食品に触れるものなので、食品衛生法に基づいて食品輸入と同様の手続きが必要なのです。

同様に皿や箸、スプーン、フォークやマグカップなども食品衛生法上の食品に直接接触する器具・容器包装に該当するため、輸入するには所定の手続きが必要になります。

Point

自分が扱う商品について許認可が必要か確認しましょう

26 “起業する人に優しい制度”がたくさんある

小規模な事業をはじめる人に向けて、創業時に受けられる国や地方自治体による「補助金」や「助成金」の制度が整っています。基本的に返済の必要のない資金調達として利用できるものです。

国の補助金はおもに経済産業省が、助成金の多くは厚生労働省が管轄しています。補助金の目的はおもに経済の活性化であり、助成金の目的は労働環境の改善です。

双方とも地方自治体や民間企業・団体が提供しているケースもあります。

補助金は予算の上限が決まっているため、要件を満たす会社が申請しても受給に至らないケースもありますが、助成金は申請して一定要件を満たせばほぼ全員が認められるという違いがあったりします。

創業者向けの補助金の名称はさまざまですが、**「創業支援補助金」**といったものがあります。1カ月程度の期間を設けて、申請を受け付けているものがあります。

指定された地域で創業または創業予定で、従業員を1人以上採用する予定の会社が対象となったりします。

補助金の対象は、設備費・人件費・マーケティング調査費など業務に必要な費用で、支払いを確認できる書類を用意するなどの要件を満たせば認められるといったものです。

東京都の場合、一定の要件を満たす都内で創業予定の会社に対して、必要な経費の3分の2以内まで、上限300万円まで補助しています。

もしあなたが、創業時に300万円必要だとして、この東京都の補助金を上限まで受けることができたら、3分の2の200万円をまかなえるので、自己資金は100万円で済むわけです。

ほかにも、創業時に受給できる補助金には、次のようなものがあります。

- 小規模事業者持続化補助金
- ものづくり・商業・サービス生産性向上促進補助金
- IT導入補助金

この本では、多額の資金を必要としない「ほぼ0円でスタートできる」方法も紹介していますが、「もう少しゆとりを持ってはじめたい」または「事業の拡大を視野に入れている」など、資金調達を希望する人もいるでしょう。

いずれにしても、補助金の存在を知っていれば、資金面での選択肢の幅が広がります。

補助金については、国や地方自治体が大々的に宣伝しているわけではないので、自分から情報をとりにいかないと恩恵を受けることができません。

ネットで調べたり、最寄りの役所に問い合わせたりして、積極的に情報収集してみるべきです。

Point

補助金を受けられるかどうか、最寄りの役所に問い合わせてみましょう

27 独立サイトかECモールか“戦う場所”を決める

ネットショップを出店する場所は、大きく「独立サイト」か「大手ECモール」かの2つに分かれます。

大手ECモールとはアマゾンや楽天などのことで、独立サイトとは28ページで触れたように自分で作成した自社サイトのことです。念のため、再度、ECプラットフォームを紹介します。

- **BASE** https://thebase.com/
- **カラーミーショップ** https://shop-pro.jp/
- **STORES** https://STORES.jp/
- **Shopify** https://www.shopify.com/jp

独立サイトをつくるときに、どこのプラットフォームを使うかについてはSTEP4で説明します。ここでは、まず独立サイトか大手ECモールかを選ぶための考え方について押さえておきましょう。

もちろん、最初から独立サイトと大手ECモールの両方に出店するという選択もあり得ます。ただ、**リスクを最小限に抑えるという点からすると、最初は独立サイトのみではじめることをオススメします。**

私自身も、まずは「カラーミーショップ」を使って自分でサイトを作成し、段階を踏んだのち、アマゾンや楽天に出店しました。

もちろん、アマゾンや楽天の知名度は抜群ですから、サイトに訪れるお客さんの数も多いです。私のショップは、「独立サイト」「アマゾン」「楽天」「ヤフーショッピング」の4サイトで運営していますが、売上高比率は、楽天が約60%、アマゾンが約10%、ヤフーが約5%と大手ECモールが75%程度を占め、独立サイトでの売上高比率は25%程度です。

それでもあえて、私が独立サイトからスタートすることをオススメするのは、大手ECモールは集客力が高いものの、競合も多いからです。

たとえるならば、大手ECモールは東京・銀座の一等地のようなもの。野球でいえば、米メジャーリーグの舞台といえるでしょう。

そんな競争の激しいところに、まだ経験の浅い草野球レベルのショップが参入しても、相手にされないどころか、ボコボコに打ちのめされる可能性のほうが高いです。

競争が激しいばかりでなく、大手ECモールに出店するには、プランや売り上げによって異なりますが、独立サイトよりも多額の費用がかかる傾向があります。

少しでもリスクやコストを抑えたい創業当初は、まずは独立サイトでじっくりと経験を積んで、腕を磨いてから大手ECモールに出店するのがいいでしょう。

もしかしたら「自分で独立サイトをつくらず、最初から大手ECモールに出店したほうが手間もかからず、手っとり早いのでは？」と思った人がいるかもしれません。

でも、**ネット通販をしていくなら、独立サイトは必ずつくるべきです。**

独立サイトであれば、大手ECモールに出店すると必要になる「出店料」や「販売手数料」がかからないというメリットはもちろんですが、71ページでも触れたように「顧客名簿」を手に入れることができます。

名簿があれば、お客さんが気に入りそうなものを提案したり、オススメ商品を紹介したりと、直接マーケティング施策を打つことができます。

また、どんなお客さんがどんな商品を買っているかといった販売データを入手できるので、将来的なマーケティングや販促にとても役立つのです。

大手ECモールでも、販促や広告のサポートをしてくれることがありますが、あくまで顧客データはECモールを運営する企業のもので、出店者が自由には利用できない規約があります。

独立サイトは、大手ECモールと比較して集客力が弱いのは事実ですが、のちほど詳しく説明するように、SNSなどを使って自分が求めるお客さんに絞り込んで、ピンポイントで広告を打つことも可能です。

独立サイトで小さくスタートして、効率よく、ショップの存在を知ってもらいながら、コツコツと知名度を上げていくのが、最も最もリスクが低いといえるでしょう。

Point

独立サイトを立ち上げて大手ECモールにも出店するのがオススメ

28 最初に試すべき ECモール はどこ？

ECモールには、アマゾン、楽天、ヤフーショッピングなどの大手以外にも、小規模なモールがたくさんあります。

そうした小規模なモールは、大手に比べて圧倒的に集客力が劣りますから、限られた労力を注ぐのであれば、**自社サイトと大手ECモールの2択**でよいでしょう。

では、大手ECモールのなかで、最初に出店するならどこを選ぶか？

私は、**最初に試してみるなら、アマゾンをオススメ**します。

ポイントは、モールの**「利用者数」**と**「出店コスト」**の2点です。

利用者数でいうと、アマゾンと楽天がダントツの2強ですから、シンプルに選択肢はこの2つに絞られます。

次に出店コストですが、アマゾンは初期費用が無料なのに対し、楽天は有料。そのため、アマゾンが第1の選択肢になります。

アマゾンに出品するには、**「小口出品」**と**「大口出品」**の2つのプランがあります。

小口出品プランは、出品料が商品1点につき100円（別途販売手数料）で、1カ月に49点まで出品できます。

このプランを最大限活用して月49点出品したとしても、出品料は4900円（別途販売手数料）ですから、気軽に試してみることができるでしょう。

一方の大口出品プランの出品料は、月額4900円（別途販売手数料）です。

大手ECモールの比較

		アマゾン	楽天市場	ヤフーショッピング
ECモール種類		マーケットプレイス型（出品）	テナント型（出店）	テナント型（出店）
出店数（2021年）		約40万店	約5.6万店	約120万店
流通金額（2021年）		約2.5兆円	約5.1兆円	約1.7兆円
利用者数（2021年）		4729万人	5104万人	2288万人
費用	初期費用	無料	6万円	無料
	固定費	大口出品 4900円／月額 小口出品 100円／商品	がんばれ！プラン 1万9500円（税抜）／月額 スタンダードプラン 5万円（税抜）／月額 メガショッププラン 10万円（税抜）／月額	無料
	販売手数料	商品カテゴリに応じて 商品代金の6～45％	がんばれ！プラン： 月間売上高の3.5～7％ スタンダードプラン： 月間売上高の2～4.5％ メガショッププラン： 月間売上高の2～4.5％	無料
	決済手数料	無料	月間決済高の2.5～3.5％	決済方法に応じて 決済金額の3.0～4.48％ または150～300円／件
	ポイント原資	1～50％（任意）	1％（必須）	1～15％（1％は必須）

小口出品プランの上限となる月間49点を超える点数を定額で販売することができるわけです。さらに商品の広告を出したり、検索結果が上位に表示されたりするメリットも得られます。

アマゾンは楽天と違って、モールに出店するというより、個別の商品を出品する場所です。お客さんも、ショップ目当てというより、商品目当てで探しにくる人が多いです。

そのため、「好き」を商品にしたような、ニッチなモノを探す人も多く、売れる可能性が高いといえます。

また、アマゾンはHTML（ハイパーテキスト・マークアップ・ランゲージ）など、ウェブページを作成するための言語のような専門知識も不要なので、出品がとても簡単です。

楽天は出店契約をしてから店舗をオープンするまで、ショップのページ作成をアドバイザーが無料でサポートしてくれるので、出店時には専門知識はほぼ不要です。一方で出店料がかかり、さらに半年または1年分を一括払いする必要があります。

ヤフーショッピングは出店料はかかりませんが、出店するにはHTMLなどの専門的な知識が必要になり、集客力においてはアマゾンや楽天には到底およびません。

こうした事情を考えると、**自社サイトからはじめて、次に大手ECモールに出店するならば、アマゾンをオススメします。**

Point

ECモールに出店するならアマゾンが第1の選択肢としてオススメです

29 ウェブサイトをつくるとき意外に大事なポイント

私がこれまで、数千ものネットショップを見てきたなかで、けっこう大事だと思うポイントは、**「必ずしも見栄えのするオシャレなサイトが売れているわけではない」**ということです。

自分の販売サイトをつくるとなると、見栄えのするキレイでオシャレなサイトにしたくなる気持ちはわかります。

しかし、サイトがキレイであったりオシャレであったりすることが、売り上げに比例するわけではないことを知っておいてください。

もちろん、雑なほうがいいというわけではありませんし、28ページで紹介した無料のECサイト作成ツールでつくれば、それなりにキレイでオシャレなサイトができます。

そこからオリジナルの画像やイラスト、フォント（書体）を使うなど、細かい点に労力をかける必要は、とくに初期段階においてはそれほどないといいたいのです。

自分の好みを100％反映した自己満足のサイトであることより、まずはお客さんに必要な情報をしっかり載せることのほうが、よほど大切です。

サイトのつくり方で気をつけるべき基本は、**「見やすさ」「どこに何があるか、わかりやすい」「商品のイメージに合っている」**ことです。

さらに、訪問してくださったお客さんが抱える問題を、商品を通じて解決できる提案ができているか。そうした点を意識するほうが、オシャレさを追

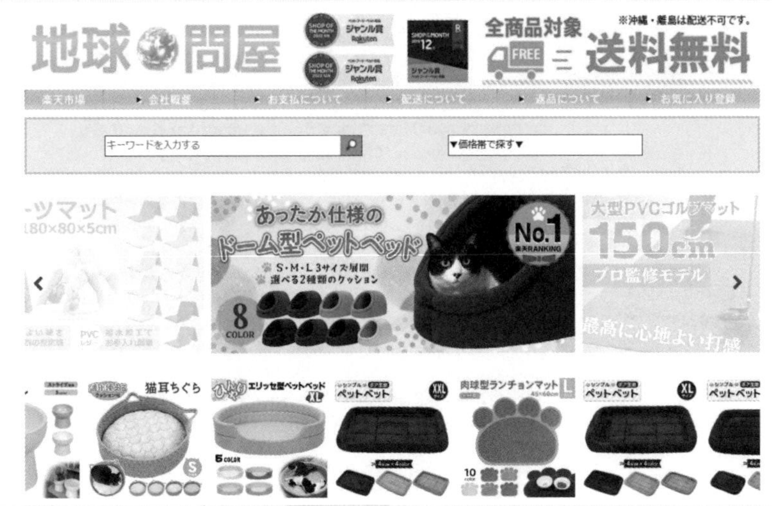

廉価な商品を扱うため親しみやすさを優先したデザインの「地球問屋」

求するより、売り上げに直結します。

実際、「オシャレさについてのクオリティはそう高くないな」と感じても、売り上げ好調なショップはたくさんあります。それは、あえてそうやってつくり込んでいる戦略ともいえるのです。

たとえば、オリジナル商品を販売している「地球問屋」（https://earthshop.jp/ 上の画像）は、プロゴルファーやドッグトレーナーなどとコラボすることによって、お客さんが抱える悩みを解消できる商品を提案していますが、海外の工場から直接仕入れることによって中間マージンをカットした価格訴求力を武器にした人気のサイトです。

サイトデザインや商品ページは、オシャレで洗練されているとはいえない印象なのですが、それは廉価な商品をとりそろえるサイトの特徴をうまく表現しているともいえます。

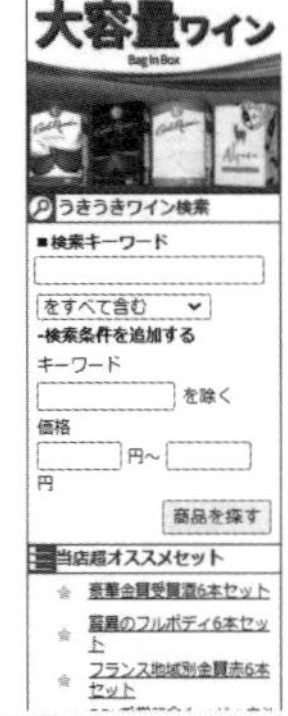

ル・プティ・シュヴァル[2011]年・AOCサンテミリオン・プルミエ・グラン・クリュ・クラッセA(第一特別級A)・サンテミリオン最高峰のひとつシャトー・シュヴァル・ブランの2ndラベル・(ルイ・ヴィトン・グループ)・(赤ワイン フランス 750ml)
Le Petit Cheval [2011] AOC Saint-Emilion 1er Grand Cru Classe A (Chateau Cheval Blanc 2nd)

大人気！サンテミリオン最高格付フルボディ辛口赤ワイン愛好家大注目！サンテミリオンの最高峰！サンテミリオンが誇る最も偉大な2つのワインのひとつの方！超高級シュヴァル・ブランの希少2ndラベル！現在はルイ・ヴィトン・モエ・ヘネシー・グループ(アルベール・フレール)の所有！ヒュー・ジョンソン氏をして「サンテミリオン第一格付A！！カベルネ・フランの割合が高い(60%)」。芳醇でかぐわしく活力の横溢したワインで、肉感的な隣のポムロルの性格も兼ね備え、若いうちも見事で、しかも1世代の間は衰えない。」と大絶賛し、満点評価！！ワイン鑑定士のクライヴ・コーツはシュヴァル・ブランについて「カベルネ・フランを主体にしたワインの中で、世界でただ一つ偉大と言えるワインだ。」と大絶賛！！ロバート・パーカー氏は、満点5つ星をつけ、「荘厳な落ち着きを感じさせるワイン！派手なところ、極端なところの微塵もない。とどまるところを知らないフィニッシュ、まばゆいばかりのア

圧倒的な文字数のサイトづくりが際立つ「うきうきワインの玉手箱」

ワインのショップであれば、楽天で10年連続ショップオブザイヤーを受賞した「うきうきワインの玉手箱」(https://www.rakuten.ne.jp/gold/wineuki/ 上の画像)。**商品ページはパッと見では見にくいほどの圧倒的な文字数の情報によってワインの権威性を訴求し、「ワインの購入で失敗したくない」というお客さんの迷いを払しょくしています。**

文字だらけになるぶん、こちらもオシャレで洗練された印象を与えるわけではありませんが、「説明力」という強みをストレートに打ち出すことで、人気のサイトになっています。

Point

自己満足のオシャレさよりもお客さんの目線で必要な情報を提供することが大切です

30 お客さんが求める決済システムを用意する

ネットでの買い物は、キャッシュレス決済が基本ですが、このところクレジットカード決済だけでなく、Suica（スイカ）、PASMO（パスモ）、WAON（ワオン）、PayPay（ペイペイ）、d払いなどの電子マネー決済も増えてきました。

一方、昔ながらの銀行振込やコンビニ払い、代引きなど、現金決済を利用する層も一定数います。

ネットショップでは、こうしたお客さんの求める支払い方法をひと通り用意しておくのが基本です。

そうでなければ、お客さんはすぐに自分にとって便利な方法で購入できる、別のショップに移ってしまうからです。

何が便利な決済方法かは、年齢層や客層によって少しずつ異なります。

たとえば、私のショップでは、飲食店などの法人のお客さんは「カードが使えない」「レジの現金で支払いたい」といった理由から「代引き」を利用するケースが少なくありません。

年配のお客さんも「商品が届いてから支払いたい」「現金を使いたい」といった理由で、代引きを利用するケースが多いです。

また、若者向けのアパレルショップなどでは、手数料がかかっても「コンビニ払い」や「コード決済」がいいというお客さんが少なくないといいます。

独立サイトの場合、「BASE」「STORES」「カラーミーショップ」「Shopify」などのプラットフォームが用意している決済方法から選びます。

それでも十分でない場合は、オプションをつけると支払い方法が追加できるようになることが多いです。

また、アマゾンや楽天などのECモールでは、モール側が決済方法を管理しています。

私の知り合いから、「かなりお得な国内航空券を見つけたけれど、支払い方法が銀行振込だけだったからやめて、少し高くてもカードが使えるところにした」という話を聞いたことがあります。

「自分の都合がいい支払い方法が選択できるから」という理由で、ショップが選ばれることが少なくないため、お客さんの望む決済方法は、やはりすべて用意しておきましょう。

Point

できるだけ多くの決済方法をそろえてお客さんを逃がさないようにしておきましょう

31 宅配業者とは定期的に価格交渉する

ネットショップの運営に欠かせないのが、「宅配業者」です。

宅配業者は、「大手ならどこも変わらなそう」と思うかもしれませんが、実はそうでもありません。

全国配送している大手の宅配業者には、「ヤマト運輸（宅急便）」「佐川急便（飛脚宅配便）」「日本郵便（ゆうパック）」「福山通運（フクツー宅配便）」「西濃運輸（カンガルーミニ便）」などがありますが、それぞれ特徴やサービス内容が異なります。

たとえば、ヤマト運輸は保冷庫を備えている配送トラックを保有し、「クール宅急便」という冷蔵品や冷凍品を扱うのが得意です。

もちろん、ほかの運送会社でも冷蔵品を送ることはできますが、温度管理がそれほどきめ細かくないため、そのぶん料金が安いなどの違いがあります。

日本郵便は、小さい荷物の料金が、ほかと比較して手頃なことが多いです。

また西濃運輸は、ほかでは扱わない2mを超えるような大きな荷物も配送します。

それぞれの違いを知ったうえで、「大きい荷物の配送が多い」などの特殊な状況でない限り、まずはトップ3社の**「ヤマト運輸」「佐川急便」「日本郵便」と交渉することをオススメします。**

私自身は当初、日本郵便を利用していました。その後、ヤマト運輸に代わり、その次に佐川急便になり、今はヤマト運輸、佐川急便、日本郵便の3社と契約しています。

交渉するのは、シンプルに「配送料金」です。もしかしたら、配送料金の見積もりをもらっても、料金の違いは1円単位かもしれません。でも、その1円が積み重なれば、月間・年間の経費の大きな違いを生み出します。

私は、**一度契約したあとでも年1回は配送料金を見直して、複数の業者と交渉しています。**

それだけで、月間の配送費が100万円近くも削減されたこともあるくらいです。

とくに事業が軌道に乗って配送量が増えたときは、交渉のチャンスです。

そんなときは、少なくとも「ヤマト運輸」「佐川急便」「日本郵便」に配送料金の見積もりを依頼して見直していきましょう。

Point

年1回は配送料金を見直して宅配業者と価格交渉しましょう

32 とり扱う商品に欠かせない1つのポイント

自分の「好き」を売るための商品の仕入れ先を見つけるには、思った以上に時間がかかることが多いです。そのため、開店を決めたら、早めに仕入れ先を探しておくことをオススメします。

実際に仕入れ先を見つける方法を紹介する前に、「好き」に合うかどうか以外に、どんな点に気をつけて商品を選べばいいかをお伝えしましょう。

基本的に大事なのは、**「消費期限が短い（季節性がある）ものは避ける」**ということです。

たとえば生鮮食品や、うちわや花火など季節限定で売れるもの、もしくは一時的にはやっているキャラクターものなどです。

なぜなら、**消費期限が極端に短いものや季節性があってシーズンが終わると見向きもされなくなるものは、在庫管理が非常に難しいからです。**

生ものであれば、しっかりと温度管理ができる設備がないと、すぐに劣化して廃棄ロスが発生します。

一時的に流行しているキャラクターものや、有名人が身につけていたと話題になったものなど、「これはイケる」と大量に仕入れても飽きられるのが早く、突然パッタリと売れなくなることがよくあります。

こうしたはやりに振りまわされて、在庫管理に手間暇がかかってしまうものは、この本でお伝えしている「時間を売らず、商品を売る」という観点からも手を出すべきでないでしょう。

では、反対にどんな商品を積極的に仕入れるべきかというと、基本的には**「古びないもの」**です。その代表として私がオススメしているのは、**「型番商品」**と呼ばれるものです。

もともとは家電のように、メーカーによる製品番号があるものを指す言葉なのですが、ネット通販業界では「商品の知名度が比較的高く、多くの店で購入できる商品」のことを型番商品と呼びます。

もちろん、型番商品のなかにも消費期限が短かったり、季節性があったりするものもたくさんありますから、季節を問わず永続的に販売していけるものに絞ります。

私が扱うワインやブランド品などもそうですが、型番商品は「指名検索」

が多く、広くお客さんをショップに呼び込める商品ともいえます。

「どこでも買えるものを売って、お客さんに喜んでもらえるの？」「ほかのショップでも買える商品を扱ったら、差別化できないのでは？」という疑問が浮かんだことでしょう。

ところが、そうではないのです。

型番商品をうまく自分の「好き」と組み合わせて、ショップの個性を出していくことによって、ほかのショップと差別化して、お客さんに喜んでもらえるようになるのです（その方法は、のちほど詳しく説明します）。

ここで知っておきたいのは、**「ほかでは売っていない商品」「唯一無二のオリジナル商品」でなければ売れないわけではない**ということです。

型番商品を選ぶのは、はやりもので在庫リスクを抱えるより、よほど堅実で確実な商品の選択だといえます。

Point

唯一無二の商品で差別化するよりも「型番商品」のなかで独自性を出すのがオススメ

33 自分に合った仕入れ先を「ネット」で見つける

自分の「好き」に合った仕入れ先を見つける方法は、いくつかありますが、まずはインターネットで商品を販売している**小売店向けの卸・仕入れサイト**をチェックしてみましょう。

品ぞろえが豊富なところを、ざっとリストアップしただけでも、次の7つの業者があります。

1. **NETSEA**（ネッシー） https://www.netsea.jp/
2. **orosy**（オロシー） https://retailer.orosy.com/
3. **TopSeller**（トップセラー） https://top-seller.jp/
4. **卸の達人** https://www.oroshi-tatsujin.com/
5. **スーパーデリバリー** https://www.superdelivery.com/
6. **グッズステーション** https://goods-station.jp/
7. **CiLEL**（シーレル） https://cilel.jp/

こうした卸・仕入れサイトは、事業者向けに卸価格で販売するため、事前に審査があり、一般の消費者は利用できません。

仕入れた商品の販売価格は、購入した事業者に任されており、利益を考えて自由に価格を設定することができます。

ただし、仕入れサービスのサイトは、商品を仕入れたい事業者であれば、誰でも購入できるため、ほかのショップに同じものが並ぶ可能性があります。そうであっても、こうした仕入れサービスは、使い方次第で武器になります。

仕入先	特徴
❶ NETSEA（ネッシー）	国内最大規模の仕入れサイト。幅広い商材の特価品やランキングがあり、お値打ち品や売れ筋調査ができる
❷ orosy（オロシー）	各ECプラットフォームと簡単に連携し、売れなかったら60日以内は返品可能で、支払いも90日後、送料無料と利用しやすい
❸ TopSeller（トップセラー）	国内最大級のネットショップ専用仕入れサイトで、在庫を持たずに販売できるドロップシッピング型。商品登録もCSVファイルで簡単
❹ 卸の達人	ダイエット・美容・健康関連の雑貨などのバラ注文やドロップシッピングもできる
❺ スーパーデリバリー	アパレルや雑貨を中心にさまざまな商品をそろえて、独自のランキングで海外への販売支援もある
❻ グッズステーション	輸入商品に強くECモールのランキング商品を多数扱う。商品ページの作成代行やアマゾンとの連携なども得意
❼ CiLEL（シーレル）	食品に特化した仕入れサイト。さまざまなカテゴリーの食品にアウトレットや訳アリ品も。商品登録もCSVファイルで簡単

たとえば、広くお客さんに来店してもらう目的で、仕入れサイトから手頃で買いやすく、人気があるものを仕入れる。これは、先ほど説明した「型番商品」を仕入れるのと同じ考え方です。

そうして、**多くの人をサイトに誘導できたら、そこからじっくりと、こだわりの商品を知ってもらうというやり方ができるでしょう。**

逆に、自分のこだわり商品のなかに、仕入れサイトからとり寄せた“似たテイストの商品”を交ぜ込んで、セレクトショップのような商品展開にすることも考えられます。

「ほかのショップと同じようなものを売っていたら、売れないのでは？」と心配する人に、私はよくこんな話をします。

最近はやっているスイーツの1つに、フランスの伝統的焼き菓子「カヌレ」があります。高級なパン屋さんにもあれば、コンビニにもある。あなたはそれを見て「同じようなものだ」「ほかでも売っているから買わない」と思うでしょうか？

今すぐカヌレが食べたければコンビニで買うでしょうし、パン屋さんに行ったときにカヌレを見かけて買うこともあるでしょう。テレビで紹介されていたからスマホで検索して、ネット通販で買う人もいます。

買う動機が違うのですから、同じような商品があちこちにあるほうが、お客さんにとってはむしろ便利なのです。

これだけたくさんの情報や商品があふれている世の中ですから、差別化した商品も、他店から真似されてしまえば、いずれ同質化してしまいます。

もので差別化しようとするよりも、お店の個性をアピールして差別化していくべきなのです。

Point

ほかで売っているものを扱っても十分に他店と差別化できます

34 自分に合った仕入れ先を「リアル」で見つける

インターネットで仕入れ先を探すだけでは、出合える商品に限りがあります。ネット以外の場でも、自分の「好き」に合う商品を探していきましょう。

私がよくやるのは、ネット通販やリアル店舗でワインを買って、気に入ったらラベルに記されている輸入元や販売元に連絡をとるという方法です。

また「ワイン＆グルメジャパン」「ワイン・酒EXPO」といったワイン関連の展示会に参加して、新規取引先の開拓をしています。

さらに『ワイン王国』『ワイナート』『リアルワインガイド』のようなワイン専門誌に目を通して、とくに掲載されているワインの広告に着目します。

そのなかで、「このワインよさそうだな」と思ったら、ネットで検索して情報収集するとともに、広告に記載されている販売元に「展示会に出展しているか」「試飲会は行っているか」といったことを問い合わせます。

ワインの展示会や試飲会は、一般に知らされていないものがたくさんあります。また、1社だけでなく多数の輸入元が集まる試飲会も多くあります。

興味や関心をいだいたワインの試飲会に出かけて、それまで知らなかった輸入元のワインを偶然知ることもよくあります。

また、展示会や試飲会は一度参加すると、そのあとに案内がくるようになるので、定期的な情報収集に役に立ちます。

リアル店舗で販売している商品には、ワインに限らず「実店舗での販売のみでネット販売は不可」というものもあります。

商品の絶対数が限られていてネット販売にまでまわらない、または近年問題になっている転売目的の購入を防ぐという理由もあるでしょう。

また、独立した自社サイトでの扱いはOKでも、大手ECモールでの販売はNGというケースもあります。この場合は、私はチャンスだと考えます。なぜなら自社サイトだけの特別な商品として扱うことができるからです。

私自身の例をベースにお伝えしましたが、どんな商品を手がけたとしても、展示会や専門誌、業界紙などがあるはずですから、そうした情報源のチェックは欠かさないことです。

Point

その業界の専門誌・業界紙などを通じて、ネット以外でも仕入れる商品を探しましょう

35 お客さんとの「タッチポイント」を大切にする

ネット通販では、リアル店舗と違って、売り手とお客さんが直接、顔を合わせることがありません。だからこそ私は、ショップとお客さんとの「タッチポイント」(顧客接点)を大切にしています。

タッチポイントをどう演出するかで、ショップの印象が大きく変わり、「また、ここから買いたい」とリピート顧客になってくれるか、1回買ったらおしまいになるかの分かれ道になるのです。

ネットショピングの具体的なタッチポイントには、最初に目にするウェブサイトのつくりがあります。ショップ名やサイト内のロゴマークも、タッチポイントの1つといえるでしょう。

また、商品購入後に配信希望者に送るメール、商品を発送する箱のデザインや同梱する手紙もタッチポイントです。

サイトの作成のポイントなどは、STEP8で詳しく説明するので、ここでは目につきやすいロゴマーク、メール、梱包資材について説明しましょう。

タッチポイント1　ロゴマーク

「ショップのロゴマークなんて、わざわざつくる必要があるの？」と思われたかもしれませんね。でも私は、お客さんとのタッチポイントとして、とても大切なエッセンスだと思っています。

ショップの特徴やコンセプトを視覚で伝えることができる、簡単でありながら効果的な広告手段の1つだからです。

たとえば、アマゾンであれば、社名の下にオレンジ色の矢印が入ったロゴがあります。この矢印は、アマゾンのaからzをつなぎ、「アルファベットのAからZ」つまりあらゆるものが手に入るということを示しているのだそうです。

また、矢印の形は口角の上がった笑顔（スマイル）をイメージしており、アマゾンで商品を購入するお客さんの幸せを表しているといわれています。

このロゴをサイトだけでなく商品配送用のダンボールなどにも使っています。アマゾンのサイトを訪れ、買い物をするたびにロゴマークを目にするので、アマゾンというECモールが強く印象づけられるだけでなく、どことなく幸せな気分にもなりそうです。

つまり、アマゾンがお客さんに伝えたいメッセージが、ロゴ1つで伝わっているのです。

私が運営する「しあわせワイン倶楽部」の場合、先に企業ロゴを作成し、それをダンボールなどに使いはじめました。

「ロゴなんてデザインしたことないし、誰につくってもらったらいいかわからない」という人でも、28ページで紹介したECサイト作成ツールで、ロゴも作成できるので、試してみるといいでしょう。

- **Shopify「Hatchful」**（Shopifyが作成した無料のロゴジェネレーター）
  https://www.shopify.com/jp/tools/logo-maker
- **BASE ショップロゴ作成 App**
  https://apps.thebase.com/detail/8
- **STORES　#ロゴ作成**
  https://STORES.jp/hashtag/%E3%83%AD%E3%82%B4%E4%BD%9C%E6%88%90

ロゴ作成用のツールもあるので、試してみてください。

- **Canva**　https://www.canva.com/
- **Cool Text**　https://ja.cooltext.com/

私はショップ名と同じで、ロゴもお店の世界観を表していると思えるものであれば、成長とともに変えていっても構わないと考えています。

マクドナルドやケンタッキーフライドチキン、コカコーラやペプシなど、ほかにも多くの企業が時とともにロゴを変えています。

街で見かけるスターバックスの「グリーンの人魚」のロゴも、時代とともにかなり変わっています。

ショップ名もロゴも「ショップの成長とともに育てていく」と考えておけばいいでしょう。

タッチポイント2 メール

ネットで買い物をすると、たいていの場合、「ご注文ありがとうございます」と書かれた注文確認メールが自動で送られます。普通は、注文した商品や届け先など事務的な内容が書かれています。

しかし私は、たとえ注文確認メールでも、ショップの姿勢や丁寧な対応を伝える重要なタッチポイントになると思っています。

私のショップの注文確認メールは、冒頭に「担当者の名前」を記載して、話しかけるようなフレンドリーな書き方をするように意識しています（次ページ参照）。

事務的な確認メールではあるのですが、ちょっとでも温かみを出したい。そうでなければ無機質な感じになり、ともすれば文面に“冷たさ”を感じさせてしまうからです。

もちろん、ムダなことをダラダラと長く書いたのでは、逆効果です。でも、お客さんのことを思い浮かべて、丁寧な文面にすれば、気持ちは伝わるはずなのです。

この注文確認メールが入口となり、商品をお届けするときにも、手紙を添えるのですが、それはまた説明します。

※※※※※※※ 様

この度は、ご注文いただき誠にありがとうございます。
しあわせワイン倶楽部、店長の木之下と申します。

当店のワインは、適切に温度湿度管理された倉庫にて保管し、
1本ずつ検品の上、丁寧な梱包に努め、
お届けさせていただいております。

下記内容にてご注文を承りましたのでご確認をお願いいたします。
ご注文の商品は順次発送の手配をさせていただきます。

※※※※※※※※※※※※※※※※※※※※※※
平日15時までのご注文は
即日出荷させていただきます。

金曜日15時以降のご注文は
翌平日からの出荷となります。

土日祝日は休業日と
させていただいておりますため、
電話のご対応およびメールへのご返信は
できませんことをご了承くださいませ。

お問い合わせにつきましては
順次ご返信させていただきます。
何卒宜しくお願いいたします。
※※※※※※※※※※※※※※※※※※※※※※

ご注文いただいた商品は、これより手配作業に入ります。

※ご注文いただきましたワインが欠品している場合、
　速やかにお届け日等のご連絡をさせていただきます。

※出荷後、『発送についてのご案内』メールをお送りします。

※領収書が必要な場合は、『発送についてのご案内』メールに
　ございます、■領収書につきまして ダウンロード用 URL より
　印刷してご利用ください

■ご注文内容
ご注文番号：173944887
ご注文日時：2023 年 05 月 31 日
ご注文者様：※※※※※※※
お支払い方法：クレジットカード

配達ご希望日：
お時間指定：

※配達ご希望日を選択されなかった際は
　最短にてお手配させていただきます。

お届け先お名前：※※※※※※※様
お届け先：神奈川県
　　　　　※※※※※※※

■ご注文内容
ご注文番号：173944887

シックス・エイト・ナイン“ザ・ハイプ”カベルネ・ソーヴィニヨン カリフォルニア（173443072）
価格 2,400（円）× 2（個）= 4,800（円）

ジェンファイブ Gen5 シャルドネ ロダイ（174594233）
価格 1,999（円）× 3（個）= 5,997（円）

ジェンファイブ Gen5 カベルネ・ソーヴィニヨン ロダイ（174640431）
価格 1,999（円）× 2（個）= 3,998（円）

ジャン・クロード・ボワセ“タルトレット”ピノ・ノワール カリフォルニア（174827961）
価格 2,980（円）× 2（個）= 5,960（円）

****
小計 20,755（円）
消費税 2,076（円）
送料（税込）390（円）
手数料（税込）0（円）

他費用（税込）0（円）
ポイント利用 - 474（円）

ご注文金額合計 22,747（円）

[ご要望などございましたらご記入下さい :]
[
[
【　】クール便指定　※前ステップでクール便を選択の方は不要です。
　　　　　　　　　　（注文確定後クール代 390 円を別途頂きます）
【　】常温配送指定
【　】宅配ボックス不可

〜カリフォルニアワインと世界のピノ・ノワールを♪〜
しあわせワイン倶楽部
〒 182-0017 東京都調布市深大寺元町 1-1-4
（TEL）042-444-7653
　　　　※お電話でのお問い合わせは、
　　　　　10：00 〜 17：00 の時間帯で受け付けております。
（MAIL）info@shiawasewine-c.com
（URL）http://www.shiawasewine-c.com/
運営会社：株式会社ワインラバーズ

タッチポイント 3　梱包資材

通販で買い物をするお客さんは、届いた商品の箱を開ける瞬間をすごく楽しみにしています。

ユーチューブやインスタグラム、Xなどには「開封の儀」として、荷物を開ける瞬間を撮影した動画がたくさん投稿されています。

商品が入った箱にショップからの温かいメッセージが入っていたら、どう思うでしょうか？　ちょっとうれしい気持ちになったり、幸せな気持ちになったりすると思います。

アマゾンのような大手であれば、配送料の安さや配送の早さを武器に、オペレーションの効率を最優先した必要最小限の商品配送でも、お客さんは納得するでしょう。

でも、大手ではない小規模ショップは、多少手間暇がかかったとしても、お客さんとの「タッチポイント」である“開封の瞬間”を最大限活用するべきです。

商品がダメージを受けないように使用する緩衝材や段ボールといった梱包資材は、いってしまえば開封したら捨てられて「ゴミ」になってしまいます。

でも、やり方次第では、エンターテインメントに変えることができます。それが通販サイトを運営する醍醐味の１つなのです。

私のショップでは、ちょっとした高級感を感じてもらうために、ロゴ入りの白い段ボールを使っています（次ページ参照）。

また、ワインを飲み終わったあとにラベルをはがして集めている人も少なくありません。そのことに配慮して、私はワインのラベルをラップで保護して発送しています。

ちょっとした高級感を感じてもらうため、自社ロゴを掲載した真っ白な段ボールを使用し、商品が破損しないように１本１本仕切りを設けています

ラベルを保護して発送するワインショップはほとんどないようで、多くのお客さんから「丁寧に商品を扱ってくれている」と、好評を得ています。

ただし、エコロジーの観点から、過剰包装を問題視する人も少なくありません。そのため、購入時にラップのあるなしを選べるようにしています。

ワインボトルはリサイクルペーパーで巻いて、１本１本の仕切りがある段ボールに入れています。

段ボールだけでなく、梱包資材もカスタマイズしてくれる業者はたくさんあります。

圧倒的なシェアを誇るのが**「ダンボールワン」**。一般的な型からオリジナル商品まで作成可能です。

低予算でセミオーダーできる**「ピースボックス」**、ブランディングまで考えて独自の段ボールを作成してくれる**「村上紙器工業所」**もオススメです。

ワインボトルをラップで巻き（選択可）、リサイクルペーパーも巻いて、ラベルを保護しています

量産された梱包資材より費用はかかりますが、扱う商材によっては、検討してみてもいいでしょう。

◉段ボール・梱包資材のオススメ業者

- **ダンボールワン** https://www.notosiki.co.jp/
- **ピースボックス** https://piecebox.jp/original-product/
- **村上紙器工業所** https://www.hakoya.biz/

Point

メールも梱包もショップにとっては貴重な「タッチポイント」です

36 初期在庫は少なく慎重にそろえる

自分の「好き」に合う仕入れ先が少しずつ見つかり、どんな商品を扱うかが見えてきた。そこで気をつけていただきたいのが、いくら「好き」なものだからといって、**一気に大量に仕入れない**ということです。

私の場合、ショップをスタートしたばかりのときは、およそ30品目をそろえていました。その30品目それぞれの在庫は２〜３本に抑えていたのです。

最初はまったく売れなかったものの、売れるようになってからも一気に在庫は増やさず、**「売り切れたら発注」**を繰り返していました。

よく売れるようになったとしても、最初は慎重に「売り切れたら発注」を３カ月ほど繰り返して様子見。定番商品として売れると確信が持てるようになってから在庫を倍増、といっても５〜６本に増やしたくらいです。

この話をすると、「売れるとわかっていたら、在庫を持たないと"販売機会の損失"になるのでは？」とよくツッコミを入れられます。

たとえば、商品が100個売れるとわかっているのに、2個しか在庫を持たないのでは、もちろん「98個の機会損失」になります。そして、事業を運営していくうえで、機会損失は避けるべきものであることはたしかです。

ただし、売れるようになった商品が、その勢いでずっと売れ続けるかどうかの判断は、なかなか難しいのが現実です。

資金力がついた段階であればまだしも、**ショップをはじめたばかりであれば、あえて機会損失を許容してでも在庫リスクを避けることを重視したほうがいいです。**

本書では、できるだけ少ない資金で、「好き」を売るネットショップをスタートする方法を説明していますから、ムダな在庫を抱えてしまったら、それだけで資金が枯渇して、ゲームオーバーになりかねません。

初期在庫は、少なく抑えることが大前提。最初に商品をそろえるときは、できるだけすぐに発注できるものにすることもポイントです。

さらに、**1つの商品の在庫を6個そろえるくらいなら、商品の種類を2つに増やして、在庫をそれぞれ3個ずつにするなど、アイテム数を増やすほうが得策です。**

なぜなら、商品数が多いほうがお客さんのアクセス数が増えやすく、ネットショップの売り上げの公式「アクセス数（訪問者数）×成約率（購入率）×客単価＝売り上げ」を好転させやすいからです。

Point

販売機会の損失より在庫リスクの回避を優先するほうが大切です

37 弱者は「ランチェスター戦略」で勝負する

中小企業の経営戦略の1つに「ランチェスター戦略」というものがあります。戦時中に少人数で大軍に勝つために提唱されたもので、“弱者が強者に勝つための戦略”ともいわれます。

この戦略をとり入れて成功した事例は数多くありますが、旅行大手のエイチ・アイ・エス（HIS）が創業したときや、コンビニ最大手のセブン-イレブンが関東から大阪に進出したときは、ランチェスター戦略をとり入れたといわれています。

そう聞くと、何やら難しい経営手法だと感じてしまいそうですが、要は弱者が強者に勝つには、**自分の得意分野を見つけ出して、小さな土俵で勝負せよ**という戦略です。

この本で説明している「好き」を商品にして稼ぐのは、まさにランチェスター戦略そのものだと私は考えています。

自分の得意分野（好き）で勝負する。大企業がやらないような細やかなサービスやタッチポイントを活かし、ショップの価値を高めて、お客さんのロイヤリティ（愛着や忠誠心）を高めていくのです。

圧倒的な市場シェアを占めているような大企業の戦い方は、真逆です。豊富な資本力をベースに物量や品ぞろえで弱者を締め出します。競合が多い市場を狙い、市場の競争力を高めて、スケールメリットを活かした安さで勝負します。

「好き」を商品にするということは、大企業とは真逆の戦い方をして、稼ぎ続けていくことなのです。

Point

資本力のない小規模事業者だからこそ大企業にはできない戦略をとりましょう

STEP 4

「どのくらい働くか」は自分で決められる

38 どこまで外注するかで働き方が決まる

PROLOGUEで、自分の「好き」以外の苦手は、すべて外注できる時代になっているということをお伝えしました。

もちろん、「外注できる」といっても、外注するにはコストがかかります。でも、そのコストを支払うのと引き換えに、自分が自由になる時間が増加するわけです。

そして、外注できる業務の選択肢は、かなり幅広く、しかもコストは比較的低く抑えられるのです。

いずれにしても、どこまで外注するかで、どのくらい自分が働くかを主体的に決められます。

このSTEP４では、何をどう外注すれば、週１回もしくは月１回パソコンを開くだけでも稼げるようになるのか。働き方を自由度レベル別に説明すると同時に、どうやったらその働き方を続けていけるのかのコツもお伝えしていきましょう。

自由度レベル１ 自分の好きな時間に働く

人を雇うことなく運営

まずは「自由度レベル１」です。自分の好きな時間に働くためには、いったいどうすればいいのでしょうか。

そもそもネット通販は、最も自分の好きな時間に働きやすい業態の1つです。いったんサイトをつくり上げれば、そのショップがネット上で24時間365日休みなく、無人で営業し続けてくれます。

近ごろは冷凍餃子の無人店舗もあったりしますが、基本的にリアル店舗は、営業時間内に誰かが店舗にいなくてはいけません。そのため、ほぼ無休で営業するのであれば、自分が休みの日や休憩する間、代わりに働いてくれる人を雇わなければなりません。

さらにリアル店舗であれば、お客さん1人ひとりに応対して買っていただかなければなりませんが、ネット通販なら商品の説明ページを見たお客さんのオーダーは自動的に入ります。

そして、**自分の都合で稼働できる時間に対応すればいい**のです。

つまり、自分の好きな時間に、人を雇うことなく働けるのが「好き」を商品にして販売するということ。そのため、会社員の副業としてもピッタリですし、学生や主婦（主夫）がスキマ時間に経営することだって可能なのです。

「ピック＆デリバリー」サービスを利用する

ネット通販の業務は、「商品を企画(探す)」「仕入れる」「ECサイトの管理・更新」「マーケティング・広告」など受注前の工程と、受注後の「商品の梱包・発送」などの工程に大きく分かれます。

この受注後の作業を自分でやってもいいのですが、もっと簡単にできる手段があります。それは出店者の梱包・発送業務をヤマト運輸が代行する**「ピック＆デリバリー」**というサービスです。

このサービスは出店者からヤマト運輸が商品を集荷して、その梱包・発送業務を引き受けるというものです。

お客さんの受注データをベースにヤマト運輸に集荷の依頼をして引きとりにきてもらうだけ。出店者とヤマト運輸が出荷依頼のデータをシェアするので、配送ドライバーにはそのデータをプリントアウトして発送する商品とともに手渡すだけで済みます。

あとは、ヤマト運輸の専用拠点で梱包して、お客さんに宅配してくれます。

このサービスでは、ヤマト運輸の倉庫に商品を預ける必要がなく、自由度レベル2で紹介する、倉庫に在庫を預けておいて発送してもらうサービスと違い、倉庫代がかかりません。

配送作業の時間を節約し、自分の好きな時間だけ働くための、外注しやすいプランです。

自由度レベル2 週1回パソコンでデータチェック

出荷を週1回と決めれば、まとめてデータを送るだけでOK

「自分の好きな時間に働く」の次のレベルは、さらに働く時間を短くする「週1回パソコンでデータチェック」です。

週1回で業務を完結させるためには、**「商品の出荷は週1回だけ」と割り切って、業務を週1日に集中させることが大前提になります**。

そのためウェブサイトには、たとえば**「当店の商品発送は週1回（金曜日）となります。土曜日から木曜日までのご注文は金曜日に出荷、金曜日のご注文は翌週金曜日の発送となりますことをご了承ください」**と「週1回の発送」であることを明記して、受注後に自動送信する注文確認メールでも、しっかりと伝えるようにします。

実は、大手ECモールでも「商品発送は3日〜1週間に1回」としているショップは少なくありません。

注文翌日・翌々日に商品が手元に届くのに慣れているユーザーが多いものの、一方で必ずしもすぐに手に入れたいものばかりではありません。

そのため、お客さんも「すぐに届かなくてもいい」と納得してくださるケースは意外に多いのです。

出荷作業の代行を頼めば、受注データさえ送ればいい

「週1回パソコンでデータチェック」という体制にするには、**「出荷作業の代行を頼む」**という選択肢があります。

これは先ほど紹介したヤマト運輸の「ピック&デリバリー」より、さらに発送作業の手間が省ける方法です。

ここであらためて、ネット通販の商品入荷から発送までの流れを確認しておきましょう。

商品の入荷から発送までの基本的な流れ

❶商品の入荷・検品 ▶ ❷商品の保管 ▶ ❸受注処理 ▶
❹商品のピッキング ▶ ❺検品・梱包 ▶ ❻商品の発送

こうした企業の物流業務を一括して請け負うことを、**「3PL」（サード・パーティ・ロジスティクス）**とか**「フルフィルメント」（受注・梱包・発送・配送・代金回収などの一連のサービス）**などと呼びます。

基本的には、契約した倉庫に商品の在庫を預けます。そして、お客さんから受注すると、その受注データを委託先の物流業者に送るだけで、あとは倉庫で発送作業をしてくれます。

自社サイトやECモールと連携可能なサービスであれば、在庫データの共

有や出荷指示などを自動化できるので、その点を確認してから契約をするといいでしょう。

★ネット通販の注文から商品受け渡しまでの流れ

出店者が発送作業をするケース

◉出店者が在庫を持ち、商品の受注ごとに自分でピックアップして、商品を発送

---

❶お客さんから受注▶❷納品書作成▶❸送り状作成▶❹商品ピッキング▶❺商品の梱包▶❻宅配業者に連絡・商品引き渡し▶❼追跡番号をお客さんに送信▶❽決済処理▶❾お客さんに商品到着

※私のショップでは、納品書作成後、複数の送り状を一括で作成しますが、梱包後にその都度、個別に送り状を出す場合もあります

ヤマト運輸「ピック＆デリバリー」のケース

◉出店者が在庫を持ち、商品の受注ごとにヤマト運輸に商品を引き渡して、その後工程を委託できる

---

❶お客さんから受注▶❷受注データダウンロード▶❸それまでに受注した商品をまとめてピッキング▶❹（ヤマト運輸に）商品引き渡し▶❺（ヤマト運輸が）帳票出力▶❻（ヤマト運輸が）注文ごとに商品ピッキング▶❼（ヤマト運輸が）商品の梱包▶❽（ヤマト運輸が）配送▶❾追跡番号をお客さんに送信▶❿決済処理▶⓫お客さんに商品到着

3PL（サード・パーティ・ロジスティクス）のケース

◉商品の入荷や保管、発送といった物流業務を一括して委託する

❶お客さんから受注▶❷物流業者に受注データを送信（連携していれば自動で）▶❸（物流業者で）納品書出力▶❹（物流業者で）商品ピッキング▶❺（物流業者で）商品の梱包▶❻（物流業者から）発送▶❼追跡番号をお客さんに送信▶❽決済処理▶❾お客さんに商品到着

フルフィルメントのケース

◉出店者に代わって商品受注・梱包・発送などの物流業務だけでなく、顧客対応・決済業務までを代行する

受注から配送まですべてを物流業者に外注

※出店者は在庫チェックのみ
　在庫がなくなったら商品を発注して物流業者の倉庫に在庫を補充するだけ

自由度レベル3 月1回パソコンでデータチェック

「フルフィルメント」サービスを活用する

おさらいですが、「3PL」と「フルフィルメント」の違いは、次の通りです。

● 3PL

❶商品の入荷・検品▶❷商品の保管▶❸受注処理▶❹商品のピッキング▶❺検品・梱包▶❻商品の発送

● フルフィルメント

3PLが請け負う物流業務に加えて、決済業務と返品・クレームなどの顧客対応まで含む

そのため、フルフィルメントに外注すれば、出店者である自分がやることは、週1回もしくは月1回、パソコンで売上高や商品在庫のデータをチェックすることと、発注作業だけ。必要最小限の時間で運営が可能になります。

こうした「フルフィルメント」には、具体的に次のようなサービスがあります。

● フルフィルメント by Amazon（FBA）
● フルフィルメントサービス（ヤマト運輸）
● 通販フルフィルメント（佐川急便）
● 楽天スーパーロジスティクス

※楽天スーパーロジスティクスは、決済は対応していますが、問い合わせや返品への対応機能はありません

FBAは、アマゾンに出品することで利用できるフルフィルメントサービスです。93ページで説明した「小口出品」「大口出品」のプラン、どちらでもFBAを利用することが可能です。

一般的な「小口出品」「大口出品」のプランとFBAの違いは、一般的なプランの場合、自分で発送作業をするという点です。自分で送料（無料も可能）

を設定し、受注後の梱包・出荷、発送の連絡までを行わなくてはいけません。

一方、FBAを利用すれば、アマゾンの倉庫に商品在庫を送っておいて、その後の工程はすべてアマゾンに委託できます。これにより有料会員サービス「アマゾンプライム」の対象となります。

送料は出品者負担となるものの、アマゾンのスケールメリットで、自社配送よりも送料が安くなるケースが多いので、そのメリットを享受できます。

FBAを利用する最大のメリットは、**「ショッピングカートボックス（カート）を獲得できる」**ことです。

アマゾンでは、複数のショップが同一型番の商品を扱う場合、1つの商品ページにまとめられます。その際、1ページ目の目立つ位置に表示される（カートを取得できる）のは1店舗のみ。

つまり、お客さんがアマゾンのサイトで商品を検索すると、同じ商品を扱うショップのなかでいちばん上に表示される（カートを取得する）のです。

ちょっとわかりづらいかもしれないので、具体的に説明しましょう。

アマゾンで検索をした画面から、特定の商品を選択してクリックすると、次ページのような画像が現れます。

この画面の右側**「こちらからもご購入いただけます」**という部分のトップに表示されるのが、「カートを取得する」ということです。

FBAというフルフィルメントサービスを利用すると、物流業務などを外注できるぶん、手数料が高くつきそうだと思った人も多いでしょう。

でも、93ページでお伝えしたように、アマゾンの「小口出品」プランは、1商品あたりの出品料は100円（別途販売手数料）ですし、「大口出品」プランでも、月額の出品料は4900円（別途販売手数料）です。

右下の青枠で囲んだ「こちらからご購入いただけます」のトップに表示されるのが「カートを取得する」ということです

さらに、アマゾンや楽天などでは、スケールメリットが働いて、個人事業者が単独で宅配業者と契約するよりも、送料の設定が安くなることが少なくありません。

「月1回パソコンでデータチェック」するだけを実現するためのコストとしては、決して高すぎるとはいえないと私は考えます。

★どのレベルでもやるべきこと

元手ゼロから自社サイト作成

「好き」を商品にして稼ぐ、そして自由度レベル1〜3の、どの働き方を目指すにしても必ずやるべきことがあります。

また、どうすれば好きな働き方を続けていけるのかについても、ここでお伝えしましょう。

まず基本中の基本が、28ページで紹介した「BASE」「STORES」「カラーミーショップ」「Shopify」などのECサイト作成ツール（ECプラットフォーム）を利用して、自社サイトを作成することです。

販売サイトがなければ、「好き」を商品にしても売ることはできません。いずれかのECプラットフォームを選び、自社サイトを作成しましょう。

「BASE」「STORES」「カラーミーショップ」「Shopify」以外にも、無料でショッピングサイトを作成できるツールはたくさんありますが、ここでは代表的な４つについて、その違いを説明します。

いずれも初期費用は無料ですが、月額料金に無料プランがあるのは、「BASE」「STORES」「カラーミーショップ」で、「Shopify」には無料プランがありません。

ただし、月額料金が無料のプランの場合、「決済手数料」が高めになる傾向にあります。

	無料プランの決済手数料	有料プランの決済手数料
BASE	3.6％＋40円	2.9％（月額5980円のプラン）
STORES	5％	3.6％（月額2980円のプラン）
カラーミーショップ	6.6％＋決済１件あたり30円	4％など決済手段により異なる（月額4950円・9595円のプラン）

こうして比べると、無料プランの場合、「BASE」の決済手数料が最も安いですから、選択肢の最有力候補にしていいでしょう。

	Shopify			BASE		STORES		カラーミーショップ		
	ベーシック	スタンダード	プレミアム	スタンダード	グロース	フリー	スタンダード	フリー	レギュラー	ラージ
サービス形態	ASP			ASP		ASP		ASP		
初期費用	無料			無料		無料		無料		
月額料金	33米ドル/月払い 25米ドル/年払い	92米ドル/月払い 69米ドル/年払い	399米ドル/月払い 299米ドル/年払い	無料	5980円	無料	2980円	無料	4950円	9595円
サービス利用料	-			3%	-	-		-		
決済手数料	3.4%～4.15%	3.3%～4.1%	3.25%～4.05%	3.6%＋40円	2.90%	5%	3.60%	6.6%＋決済1件あたり30円	・クレジットカード 4.0%～ ・後払い 4.0%～ ・コンビニ払い 130円～ ・代引き決済 280円～ ・Amazon Pay月額 2,000円＋3.9% ・楽天ペイ月額2,000円＋4% ・LINE Pay月額2,000円＋3.45% ・PayPay月額2,000円＋3.45%	
入金サイクル	毎週金曜日 ※月毎の支払いに設定変更可			振込申請をしてから10営業日で入金 「お急ぎ振り込み」 ・最短翌営業日に入金 ※別途手数料が振込金額の1.5%発生 ※サービス利用には審査あり		月末締め 翌月20日入金		月末締め翌々月20日払い 早期入金サービス翌月15日入金、随時入金サービス申請後最短3営業日入金		
独自ドメイン対応	○			○		○		○		
デザインのテンプレート数	公式：100種前後 非公式：1000種以上			70種前後		48種前後		37種前後		
デザインのカスタマイズ	○			○		○		○		
機能の拡張性（アプリ数）	アプリ：7000種以上			アプリ：85種前後		アプリ：70種前後		アプリ：100種前後		
メルマガ機能	○			○		○		○		
ブログ機能	○			○		ニュース機能を活用		WordPressを利用したプラン 月額5500円		
SNS連携	○			○		○		○		
定期購入	○			○		○		○		
外部との在庫連携	別途サービス導入			別途有料アプリインストール		別途サービス導入		別途サービス導入		
アクセス解析	○			○		○		○		
サポート対応	チャット			・メール ・チャット		・メール		・電話 ・メール		
その他手数料	外部決済サービス利用時 2%	外部決済サービス利用時 1%	外部決済サービス利用時 0.50%	・振込手数料：一律250円 ・事務手数料振込2万円未満：500円		・振込手数料：一律275円 ・事務手数料振込1万円未満：275円		Amazon PayなどのID決済の導入には別途2200円/月		
集客	頻度の高い買い合わせ商品の販促や友達紹介などオリジナル販促アプリがある			独自のショッピングアプリPayIDに商品を出品できる		ファッションコーディネートアプリ「WEAR」と連携できる		グーグルショッピングなどと自動連携可能。賑わいツールなどでカスタマイズができる		

しかも「BASE」は、ほかのサービスでは有料オプションとなる「アクセス解析」も無料だったり、190万を超えるショップでのお買いものを楽しむことができるBASE専用のショッピングアプリ「Pay ID」から集客できたりと、幅広いサービスを無料で利用できます。

Point

自分のライフスタイルとコストのバランスをとって外注する度合いを考えましょう

39 成長フェーズに合わせてサイトを変えるのもアリ

決済手数料とは別に、ウェブサイトの操作性であるUI（ユーザー・インターフェース）、つまり「使いやすさ」も重要なポイントです。

ちょっとしたボタンの配置などが、お客さんの使いやすさと購買意欲に影響を及ぼします。デモ画面やお試し期間でしばらく使ってみて、視認性や操作性が自分に合うかどうか確認しましょう。また、将来のアップグレードを考えて、有料になったときの機能を比較してみるのもいいでしょう。

私は、最初はBASEの無料プランからはじめて、**事業が成長するにつれてプランを変えたり、別のECプラットフォームに切り替えたりするのもアリだと思っています。**

どのタイミングで切り替えるかの目安は、ずばり「月間の売上高」です。

月間の売上高が10万円のときは、どのECプラットフォームも無料プランのほうが安いです。

ところが月間の売上高が15万円を超えると、「BASE」はトータルで有料プランのほうが安くなります。「カラーミーショップ」は同18万円、「STORES」も同25万円を超えると、トータルで有料プランのほうが安くなります。

ただし、「Shopify」だけは無料プランがありません。最も月額料金の安いベーシックプランで、月間の売上高が300万円まで増えたとしても、ほかのプランよりトータルで安いので、「Shopify」を利用するならベーシックプラン一択と考えてよいでしょう。

私自身は、「カラーミーショップ」を利用しています。自社サイトだけでも年間の売上高は約2億円ありますが、使っているプランは「レギュラー」で月額料金は4950円だけです。

売上高の増加とともに上位プランに備わっている機能が使いたくなると思いますが、ECプラットフォームはどこもかなり安いといえますから、有料プランに順次切り替えていけばよいでしょう。

ECプラットフォームを切り替えるときは、サイト引っ越し業者を利用すれば、比較的簡単です。ただし、注意すべきポイントもあります。

同じECプラットフォームで、「無料」から「有料」にプラン変更する場合は、さほど影響はありませんが、別のサービスに切り替えようとすると、それまで蓄積したページランクがクリアになってしまうので、いったんゼロからのスタートとなってしまいます。

「ページランクがクリアになってしまう」という点が、ちょっとわかりにく

売上高10万円のとき（注文単価1万円を想定）

	Shopify（1年払い）			BASE		STORES		カラーミーショップ			
	ベーシック	スタンダード	プレミアム	スタンダード	グロース	フリー	スタンダード	フリー	レギュラー	ラージ	プレミアム
月額料金	3500	9660	4万1860	0	5980	0	2980	0	4950	9595	3万9600
サービス利用料				3000							
決済手数料（最小額）	3400	3300	3250	3600	2900	5000	3600	6600	4000	4000	3140
				400				300			
合計	6900	1万2960	4万5110	7000	8880	5000	6580	6900	8950	1万3595	4万2740

※1ドル140円

売上高15万円のとき（注文単価1万円を想定）

	Shopify			BASE		STORES		カラーミーショップ			
	ベーシック	スタンダード	プレミアム	スタンダード	グロース	フリー	スタンダード	フリー	レギュラー	ラージ	プレミアム
月額料金	3500	9660	4万1860	0	5980	0	2980	0	4950	9595	3万9600
サービス利用料				4500							
決済手数料	5100	4950	4875	5400	4350	7500	5400	9900	6000	6000	4710
				600				450			
合計	8600	1万4610	4万6735	1万500	1万330	7500	8380	1万350	1万950	1万5595	4万4310

各ECプラットフォームの有料プランのほうが安くなる売り上げ目安（注文単価1万円を想定）

	Shopify			BASE		STORES		カラーミーショップ			
	ベーシック	スタンダード	プレミアム	スタンダード	グロース	フリー	スタンダード	フリー	レギュラー	ラージ	プレミアム
売上高	300万			15万		25万		18万			
月額料金	3500	9660	4万1860	0	5980	0	2980	0	4950	9595	3万9600
サービス利用料				4500							
決済手数料	10万2000	9万9000	9万7500	5400	4350	1万2500	9000	1万1880	7200	7200	5652
				600				540			
合計	10万5500	10万8660	13万9360	1万500	1万330	1万2500	1万1980	1万2420	1万2150	1万6795	4万5252

いかもしれませんから補足します。これまでのプラットフォームである程度の販売実績があれば、お客さんが検索したときに、実績に応じて上位に表示されるようになっているはずです。

それが、プラットフォームを変更するとそこでの実績はゼロです。つまり、「表示ランク」が大幅に下がってしまい、目につきにくくなるわけです。

この点を考えると、サイトを別のプラットフォームに変えるのは、まだ規模が大きくなっていない無料プランから有料プランに切り替えるタイミングまでに行うのがよいでしょう。

Point

まずは無料ユーザーからはじめて、有料プランにシフトするときには、どのECプラットフォームを使い続けるか決めましょう

40 どんなショップでも必要な「入口商品」

働き方の自由度の「レベル1」「レベル2」「レベル3」――どれを目指すにしても、品ぞろえをどうすればいいか、商品全体をどう構成していくかについては、知っておくべきですから、ここで解説しておきましょう。

扱う商品がなんであれ、どのショップでも必ず置くべきなのが**「入口商品」**です。

入口商品というのは、ネットショップがお客さんに接触するとき、いちば

ん目につくところに配置する商品のこと。あなたのショップの商品カテゴリーのなかで、多くの人が好みそうなもので、なおかつ値段が手頃で買いやすい**「お試し商品」**のことです。

お客さんがはじめてショップを訪問するとき、いくら商品やお店が気に入ったとしても、いきなり大量に購入してくれることは、まずありません。

ほとんどの場合、まず試しに何か小額の商品を買うケースがほとんど。心地いい買い物ができて、手にした商品が気に入ったら、少しずつショップへの信頼度が高まり、購入金額も増えていくのが通常の流れです。

ショップに親しんでもらうためのきっかけ、つまり集客のために置くのが「入口商品」だと考えればいいでしょう。

ただ、「入口商品」は「型番商品」と重なることが多く、自分以外の多くのショップでもとり扱いがある場合が少なくありません。

そのため、価格をほかのショップよりも安くして買いやすくしたり、商品説明に特徴を出したりする必要があります。

私のショップで売り上げ上昇の起爆剤となった「入口商品」は、2000円のカリフォルニアワイン「ナパ・セラーズ」でした。

現在は「シックス・エイト・ナイン」(2750円)、「ブレッド＆バター」(2998円)、「ナパ・ハイラインズ」(4950円)というワインが、定番の入口商品となっています。

まずは、こうした入口商品を試して、気に入ってもらったら、「ほかの商品も買ってみようか」と、徐々にショップとしての信頼を得ていくことを念頭に置いています。

生活用品を売るショップであれば、いつも大手ECモールのランキングに入っているような人気の柔軟剤を「入口商品」として、定番的に扱ってみることが考えられます。

一方、本来は数千円で販売しているサプリメントを、「初回限定」で500円で販売するのも、「入口商品」といえます。同様に本来は30個入りで販売しているものを10個ずつ小分けにして、初回限定で3セットだけ販売するのも「入口商品」の戦略といえます。

Point

はじめてのお客さんを呼び寄せる「入口商品」は必ずそろえておきましょう

41 「入口商品」と「利益商品」を明確にする

「入口商品」とともに、必ずそろえたいのが「利益商品」です。

「利益商品」とは、販売数量としてはそうはたくさん出なくても、適正な利益を確保できる商品のことです。

商品や業界によって利益率は異なりますが、私が考える「適正な利益」とは、商品が定価で売れたときに得られる利益のことです。

私のショップの売り上げデータをみると、「売上高トップ10」（販売額ベース）のほとんどが入口商品で、ランキングが下位になるほど、利益商品が増えるのが特徴です。

	販売数	売上高	利益	原価率
入口商品	3,546	11,420,862	2,386,758	79%
※全体に占める割合	24%	21%	13%	
利益商品	2,155	9,617,135	3,068,437	68%
	15%	17%	17%	
上位TOP10の入口と利益の割合は入口7に対し利益3商品のみ ただしTOP20になると入口9利益11と半々になり、TOP30にすると入口13、利益17と若干利益が多め				
1商品当たり	販売数	売上高	利益	
入口商品	273	878,528	183,597	
利益商品	127	565,714	180,496	
入口商品のほうが販売力は2倍あるが利益商品のほうが利益貢献度は2倍ある				

「売上高トップ30」までの入口商品と利益商品の割合は、次の通りです。

- ▶トップ10まで　**入口商品7：利益商品3**
- ▶トップ20まで　**入口商品9：利益商品11**
- ▶トップ30まで　**入口商品13：利益商品17**

入口（型番）商品の売れ筋は、他店でも扱っており競合も多いため、廉価にせざるを得ないので、そのぶん利益率は少なくなります。ただし、入口商品は集客力があるので、似たようなタイプの利益商品を提案するなどして、全体としてきちんと利益を確保していくことが大事です。

入口商品と利益商品のバランスは、**「入口商品を2つ売ったら、利益商品を1つ売る」**。これが今のところ理想のバランスといえそうです。

いずれにしても、入口商品と利益商品は、役割を明確にしてそろえる必要があります。

入口商品は、ショップの存在を知ってもらうことが、いちばんの目的。つまり、来店してもらい、なおかつ商品を購入してもらうためのツールです。

ほかのショップよりも販売価格を安くして買いやすくするため、利幅は薄くなりますが、赤字にならないようにして、数量で稼ぐものと考えればいいでしょう。

入口商品は、サイト上では“手軽さ・買いやすさ”を打ち出していくといいです。

一方、利益商品は、ショップがしっかりと利益を確保するためのもの。オリジナル商品やセット商品、数量限定商品などで、ショップの個性を出すことも狙います。

ただし、入口商品とは異なり、置いておくだけで、自然と売れていくものではありません。

一般的に認知度が高めの入口商品とは異なり、よく知られていない商品が多いので、自分で商品のよさをアピールしていく必要があります。

入口商品や人気のある商品のページに「類似商品」として利益商品を表示したり、トップページのファーストビュー（最初に見える目立つ場所）に商品を表示させたりするのも有効です。

私のショップでは、新規のお客さんは、検索してヒットしたそれぞれの商品に直接アクセスする傾向が強いです。

しかし、リピーターになればなるほど、ショップのトップページから入ってくれるようになるので、トップページのファーストビューの位置に「利益商品」を紹介する**スライドバナー（縦か横にスライドして商品を順に紹介するバナー）**を設置しています。

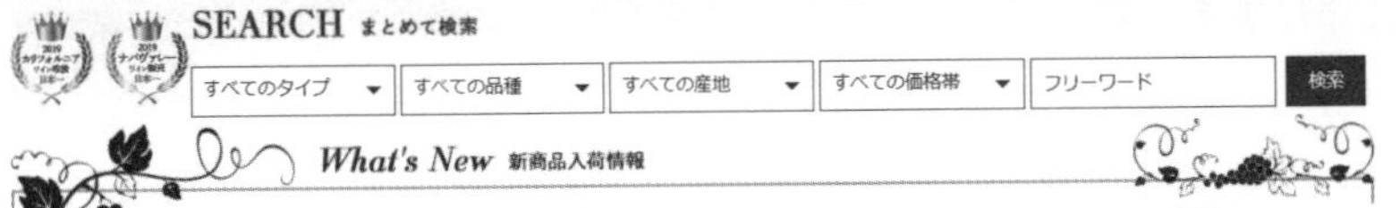

トップページのファーストビューの位置に「利益商品」を紹介するスライドバナーを設置しています

Point

利幅の小さい入口商品でお客さんを呼び込み、利益商品できちんと利益を確保しましょう

42 最初はムリに品数を増やそうとしなくていい

私のショップでは、現在1500種類のワインを扱っています。

前述したように、スタート当初から、これほどたくさんのラインアップをそろえたわけではありません。

ショップをオープンしたとき、まず考えたのは**「どのくらいの種類がショップにそろっていたら、お客さんが繰り返し来店してくれるだろうか」**ということです。

そこで考えたのが、こんなことでした。

私のようにワインが好きで、週3～4回は飲む人がいるとします。

これをベースに1週間で2.5本のワインを消費するとしたら、1カ月で10本になります（週2.5本というのは、私たち夫婦の平均消費量から割り出しました）。

毎回、違うワインを買ってみたいという人だとすると、最低でもショップには10種類のワインを用意しなければなりません。

でも逆にいうと、10種類しかなければ、1カ月でショップのワインをすべて飲んでしまうことになります。となると、その翌月は、別の種類のワインを求めて、ほかのショップで買われてしまうかもしれません。

3～4カ月繰り返し来店してもらっても飽きないだけの商品をそろえるとすると、40～50種類はあったほうがいい。

そう考えて、まずは30種類の商品からスタートして、その後は50種類を目標に、少しずつ品数を増やすことにしました。

そこから1年ほど売れなかったわけですが、「ナパ・セラーズ」に巡り合って売れるようになり、50種類くらいそろったころから、売り上げが安定して伸びるようになってきました。

このように初期の商品数は、「数カ月繰り返し来店してもらってもお客さんを飽きさせない」ことを目指すといいでしょう。

ただ120ページで「初期在庫は少なく慎重にそろえる」といったように、

初期の段階では、商品在庫数をムリに増やす必要はありません。

機会損失があってもいいので、在庫数よりもアイテム数を目標に近づけていくほうを重視するべきだと私は考えています。

Point

扱う商品の需要を予測して最低限の商品アイテム数をそろえて徐々に増やしていきましょう

43 セット販売で客単価を上げつつ喜んでもらう

「時間」を売らずに「商品」を売る4つの方法（60ページ）の1つに、「客単価をできるだけ上げる」ということを挙げました。

もちろん、高額でも売れるものが見つかれば、それを仕入れて売るのもよいでしょう。でも、最初のうちは「高くても売れる」商品を見つけ出すのはなかなか難しいはずです。

そんなときは、新たな商品を仕入れることばかり考えず、今ある商品をセットにして販売してみましょう。

セット販売することで、単価が上がるだけでなく、喜んでもらえることがよくあります。

たとえば、私のショップでは「濃厚な赤ワイン」とか「軽めの白ワイン」

など、カテゴリー別にセット販売をしたり、「ピノ・ノワール飲み比べ」「シャルドネ飲み比べ」など、ブドウの品種別にセット販売をしたりしています。

セット販売の本数は、2〜12本とさまざまです。

多くのお客さんは**「1本、1本、選ぶのが面倒」**という悩みを抱えていたり、**「好みの味のものがまとまって買えるとうれしい」**という要望があったりします。

そうしたお客さんの課題を解決するセット販売をすると、お客さんに喜ばれることが多いのです。

アパレルショップでは、よくモデルさんが着ている服のコーディネートが丸ごと売れることがあります。

これも「コーディネートを考えるのが面倒」「どう着こなしていいかわからない」というお客さんの悩みを解決しているといえます。

日常的によく使うであろうスパイスをセットにしてまとめ買いできるようにしたり、あるお店の違う味のラーメンをセットにして、あれこれ試せるようにしたりもできるでしょう。

お風呂好きな人のために、お風呂関連のグッズをセット販売したり、効能別のバスソルトをまとめてセット販売したりするなど、考えればいくらでもアイデアは出てきます。

お正月の「福袋」も、セット販売の一種だといえます。既存の商品でも、組み合わせ次第で、新鮮に感じられるような提案ができるのです。

Point

客単価を上げるためにも、どんな切り口でセット販売すればお客さんに喜んでもらえるかを考えてみましょう

44 受注後の発注、メーカー直送、自社在庫と使い分ける

個人が在庫を持たずにネット上に販売サイトを開設する「ドロップシッピング」など、今は自分で在庫を抱えなくてもショップ運営はできます。

こうしたやり方を上手に活用すれば、出荷の手間は大幅に削減できますし、ムダな在庫を抱えるリスクも減らすことができます。

ただし、いくら「月1回のパソコンデータのチェック」だけにしたいからといって、在庫をまったく持たずドロップシッピングのみにするべきではないと私は考えています。

そうした手軽なシステムがあると誰でも同じことができますから、自分だけの商品やサービスがない“没個性なショップ”になってしまいます。

私のショップは、お客さんの手元に荷物が届き、梱包を開けるときの「開封の儀」の喜びを大切にしていることを117ページでお伝えしました。

そのため、できるだけメーカー直送にせず、いったん自分の倉庫に商品を送ってもらい、ワインのラベルにラップを巻いたり、同梱物を入れたりしています。

もちろん、自分でやらなくても、そうした作業を外注できる倉庫業者もあります。

でも、その点は、あえて作業の手間を内製化しているのです。

お客さんが喜ぶ仕掛けを試行錯誤し、ベストな状態に持っていきたい。また、そうした仕掛けも柔軟に変更したいので、自分たちの手で作業しているわけです。

ネット通販の運営の選択肢

とくに「入口商品」は、自分で在庫を持っておくべきだと思います。在庫として商品を持っていると、差別化のためにできることが増えるからです。

入口商品は、まわりのショップでもよく扱っている認知度の高い商品が多いだけに、価格以外にも、たとえば「すぐに出荷できる」など差別化できる要素が多いといいのです。

入口商品以外で、自分たちのこだわりのあるものであれば、自社在庫、受注後の発注、ドロップシッピング（メーカー直送）と使い分ければいいでしょう。

たとえば、高価な価格帯の商品は、ドロップシッピングにすれば在庫として抱えるリスクを減らすことができます。

また実は、受注後の発注やメーカー直送以外にも、在庫リスクをゼロにする方法があります。それは**「予約販売」**です。

ある一定期間、予約でお客さんの注文を集めて、それをまとめてメーカーや販売元にオーダーすることで、不要な在庫を抱えることがなくなります。

ちょっと高価なパンやケーキなどが、「毎週火曜日のみ30個予約受付」のように数を限定して販売しているのを見たことがある人もいるのではないでしょうか？

予約販売は、そのときしか購入できないというレア感も演出できますから、うまく活用しましょう。

Point

外注して手間を省く部分と内製化してショップの強みを高める部分を使い分けましょう

STEP

5

「好き」を深掘りして稼ぐ

45 「好き」の市場規模を調べてみる

一般的には、まず市場規模やニーズを確認してから、ビジネスに落とし込んでいくのが正攻法かもしれません。

でもこの本では、まずは「好き」からスタートし、リスクをほとんど背負わずに、ビジネスとして成り立たせるやり方を説明してきました。

このSTEP 5では、さらに「好き」を深掘りしながら、ビジネスとしての可能性を大きく広げていく方法を紹介していきます。

まず、やってみていただきたいのが、**あなたの「好き」の市場規模を確認する**ことです。

市場規模といっても難しく考える必要はありません。あなたの「好き」を求めている人が、世の中にどのくらいいるのかを、ざっくりと確認するつもりでやってみましょう。

たとえばワインであれば「ワイン　市場規模」などのワードでネット検索すると、いくつか出てきます。「市場規模」で出てこないときは、「輸入　ワイン　金額」など、キーワードを変えて検索してみましょう。

たとえば「輸入　ワイン　金額」で検索すると、**日本のワインの輸入金額は年間およそ1000億円**だとわかります。

さらに私はカリフォルニアワインに特化したショップを運営しているので、そのうちカリフォルニアワインがどれくらいを占めるかを知りたく、ネットで調べたところ「カリフォルニアワイン協会」の存在を知り、その日本事務所に直接連絡をしてうかがいました。

すると、日本に輸入されているカリフォルニアワインは約150億円程度。業務用と家庭用の比率は、ほかの国のワインより業務用のほうが高く、半々程度といいます。

私のショップの売上高は7億円ですから、カリフォルニアワインの販売価格ベースで、小売りの市場規模250億円のうち、シェアは2.5%。たったそれだけですから、まだまだ売り上げを伸ばす余地があることがわかります。

本書のステップを踏んで考えた商品であれば、どんな業界でもほぼある程度の市場があるはずです。まずは、「これだけの規模があれば、急に市場がなくなったりはしないだろう」ということを確認できればいいでしょう。

このように、ざっくりとでも市場規模を把握しておくと、あとからほかの数字を目にしたとき、分析や予測がしやすくなります。

アサヒビールなどビール大手4社の2022年のビール系飲料国内販売数量は、前年比2%増の約3億4000万ケースとなり、18年ぶりに前年を上まわりました。逆にいうと、それまでは17年連続で前年を下まわる数量だったのです。

一方、ワインの国内消費量は、ここ数年、微増・微減を繰り返していますが、10年前と比較すると1.3倍、40年前と比べると8倍にもなっています。

ワインという飲み物が、日本市場に定着しつつあり、急激に減ることがないだろうとも考えられます。

もちろん、こうした自分なりの分析や予測は、必ずしも正しいとは限りません。そうはいっても、数字に触れ、数字で考えることに慣れるという意味で、気軽に試してみてほしいのです。

Point

扱う商品の市場規模を知り、自分のショップにどれくらい伸びしろがあるかをざっくりと把握しましょう

46 「EC化率」をチェックする

扱う商品の市場規模を大まかに把握したら、次は「EC化率」もあわせてチェックしてみましょう。

EC化率とは、すべての商取引のうちEC（電子商取引）、つまりネット販売が占める割合のことです。

EC化率も市場規模と同様に「ワイン　EC化率」などのワードで検索をすると、いろいろなサイトが表示されます。

電子商取引に関する市場調査の結果（経済産業省）によると、2020年から続いた新型コロナウイルスの感染拡大で、日本のBtoC（消費者向け）のEC化率は大幅に伸びました。

物販全体のEC化率は8.78%でしたが、食品・飲料・酒類業界は3.77%と、私が扱うワインのEC化は、まだまだ伸びる余地があると考えられます。

しかも、ワインは持ち運ぶには重たい商品なので、「ネットで買いたい」という潜在的な欲求は高いはずです。

また、同じ調査の結果によると、世界のBtoCのEC化率は、推計19.6％。日本のビジネス全体で、どのような業界でも、まだまだこれからEC化率が高まることが予想できます。

市場規模にしても、EC化率にしても、難しく考える必要はありません。ここまでお話ししたように、ざっくりと現状把握と将来予測をしておけば大丈夫です。

Point

扱う商品のEC化率をチェックしておおよその伸びしろを確認しておきましょう

47 売上高ではなく「利益」の最大化を目指す

自分の「好き」を深掘りしていくとき、大切な考え方が**「売上高」にとらわれず、「利益」を重視する**ということです。

極端な例ですが、仮に100円で仕入れたものを、まわりのどのショップよりも安く80円で販売すれば、売り上げを伸ばすことはできるかもしれません。しかし、これでは売れば売るほど赤字が膨らみますよね。

こんな話をすると「そんなバカなこと、するわけないでしょう」と思うかもしれませんが、実際のビジネスの現場では、さまざまな理由から、利益度外視で売り上げを優先するケースが少なくないのです。

どれだけ他店より安く売るかという価格競争をショップの売りにするのは危険です。

「1円でも安く」「業界最安値」のような戦略は、大量仕入れを前提とする大手企業のスケールメリットが優先されるため、小規模事業者が勝負すべき土俵ではないのです。

「好き」を商品にして、ニッチなマーケットを狙っていくのであれば、**売り上げの最大化ではなく「利益の最大化」を考えなければなりません。**

もちろん、最初から利幅を大きくするのは、「この値段で買ってくれるかな？」と、不安になることもあるでしょう。

でも、手頃で買いやすい「入口商品」と利益を得る「利益商品」をきちんと用意することで、ショップ全体の価格と利益のバランスをとればいいのです（1つの商品の最大のポテンシャルで値づけする方法は、あらためて316ページでご紹介します)。

ただし、しっかりと利益を得るためには、お客さんが価格に納得するだけの付加価値を与えなければなりません。

商品自体の価値はもちろん、サイトに盛り込む情報、梱包の状態、そしてメールでの対応など、細かい点にも気を配り、小さな付加価値を重ねていくことで、総合的に大きな付加価値を生み出していきましょう。

Point

低価格競争で売上高を伸ばそうとせず、「利益商品」できちんと利益を獲得するようにしましょう

48 「ポジショニングマップ」で競合店と比較する

お客さんに納得してもらえるようなショップならではの「価値」を、どうやって生み出せばいいのか？　それを探るとても効果的な方法があります。

それはSTEP１で触れたマトリクス図で「モデル店舗」や「競合店」と自分のショップとの違いを「ポジショニングマップ」にして徹底的に洗い出すことです。

まずは、自分がお客さんになったつもりで、ネット上で自分のショップにはじめてたどり着いたところから、どんなことが気になるかをリストアップします。

たとえば、**「商品画像」「商品説明」「提案される類似商品」「カートはわかりやすいか」「支払い方法の種類」「送料」「配送期間」「注文確認メールの内容」「梱包」など、お客さん目線で書き出してみる**のです。

そして、２つの軸につき紙１枚を使い、自社のポジションは「モデル店舗」や「競合店」と比べてどうなのか、マップのように位置を記入してみます。

次ページのサンプルのポジショニングマップでは、「価格帯」と「サイトイメージ」の2軸を用いていますが、たとえば「商品画像」のポジションをチェックするのであれば、縦軸に「画像枚数が多い（少ない）」、横軸に「イメージ画像がキレイ（ダサい）」などを当てはめていけばいいでしょう。

そして、**モデル店舗や競合店とポジションを比較することによって、自分たちの強み・弱みを“見える化”していく**のです。

ワイン通販のポジショニングマップ

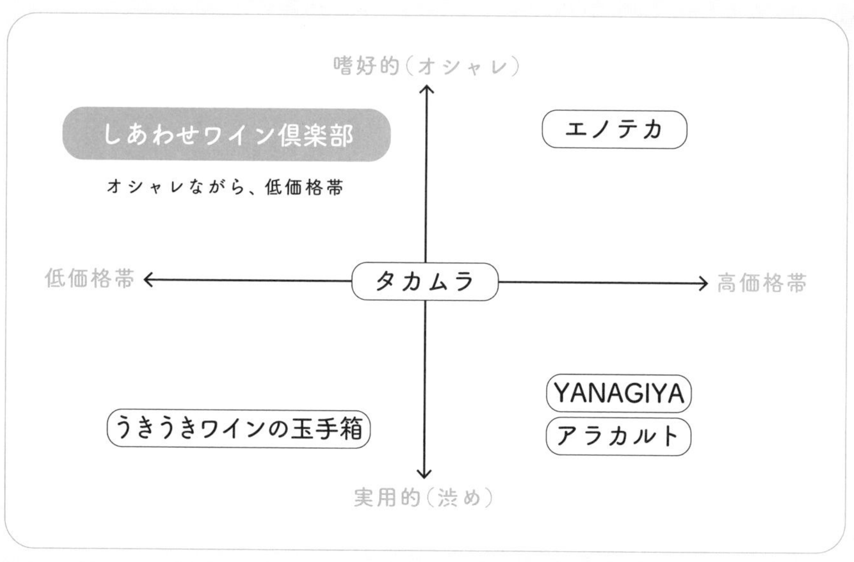

たとえば「商品画像」が、モデル店舗や競合店に比べてダサいなら、商品画像の背景がよくないのか、ライトの当て方が弱いのか、一緒に写っている小物を変えたほうがいいのか。そうしたことを具体的に比べることで、見えてくることがあります。

競合店の商品画像は、ライトの当て方が悪く、影ができていることがわかれば、自分たちはライトをしっかり当てて、背景をスッキリさせ、シンプルにすることで改善できるかもしれません。

また、モデル店舗は、商品画像はキレイだけれど、商品説明がシンプルでそっけないことがわかったとします。

その弱点を反面教師にして、自分のショップではもう少しやわらかい口調で語りかけるように説明してみるなど、具体的な改善点が見えてきます。

このように他店と比較することで、自分たちの強み・弱み、その両方が見えてきます。あらゆる視点から、ほんの少しでもいいので、モデル店舗や競合店と差別化できるよう改善していきます。

強みがわかれば、もっと伸ばしていくにはどうしたらいいかを考え、弱みも同様に、どうやって改善していけばいいのかを考えて、1つずつ実践していきましょう。

Point

ポジショニングマップで競合店との違いや強み・弱みを“見える化”してみましょう

49 競合店で商品を買って体験してみる

「ポジショニングマップ」以外にも、競合店と差別化できるポイントを見つけられる方法があります。それは、**実際に競合店の商品を買ったり、サービスを試したりする**ことです。

まずサイトで目当ての商品を探すところからはじめ、最終的に商品が届いて開封し、それを使うまでの一連の流れをすべてチェックします。

お客さんとして実際に買い物をしながら、「競合店のどこが優れているのか」「自分のショップにとり入れられることはあるか」といった視点で比較していくといいでしょう。

そして、自分のショップにない競合店の利点はとり入れ、欠点だと思われるところは反面教師にして、同じことはしないようにします。

私がチェックするポイントを、買い物の場面ごとにいくつか紹介しましょう。

まずサイトを訪れたら、シンプルに**「見やすいか」**、そして**「情報量はどのくらいあるか」**をチェック。サイトが見やすいのは、最も大切なポイントの1つです。

見やすいというのは、文字の大きさや色が見やすい、画像がクリアといった要素とともに、「全体の配置がゴチャゴチャしていない」「カラーバランスがいい」といったことも含めて見ていきます。

競合店のサイトが見やすければ、「見やすいポイントはどこか」、見づらいサイトであれば、「見づらいのはなぜか」「自分たちも同じことをやっていないか」といったことをチェックしていきます。

また「好き」を商品にするのであれば、あなたのショップは、自分の「好き」にこだわった専門店のはず。専門ショップであれば、商品の背景にある情報は基本的には多いほうがいいです。

でも、情報が多すぎると、わかりづらい場合もあります。情報を詰め込みすぎだと感じたら、どうやったら、もっとわかりやすくできるかを考えます。

注文確認メールであれば、「どういう流れ」で、「どんな口調」で書かれているか。お客さんが不安になってしまうくらい、レスポンスが遅くないか。

どのように梱包されていて、荷物を開いた瞬間の「顔」はどうなっているか。同梱物は何をどのように入れているか。アフターフォローのメールは来るか、来たとしたらその内容はどんなものか。

ほかの店舗をチェックするときのポイント

サイトは見やすいか？

- 全体の配置がゴチャゴチャしていないか？
- カラーバランスがいいか？

見やすい ➡見やすいポイントはどこか？

見づらい ➡見づらいのはなぜか？

情報量はどのくらいあるか？

- 基本的に商品情報は多いほうがいい

➡情報を詰め込みすぎ？
➡どうやったら、もっとわかりやすくできる？

注文確認メール

➡「どういう流れ」で「どんな口調」で書かれているか？
➡レスポンスは早いか？

梱包

➡開いた瞬間の「顔」はどうなっている？
➡同梱物は何をどのように入れている？
➡アフターフォローのメールは来るか（どんな内容か）？

こうしたポイントを意識すると、自社の状況について見えてくるものがたくさんあるはずです。

Point

ほかのショップを訪れて、実際に買い物をして一連の流れを体験してみましょう

50 同業のリアル店舗を訪ねてみる

「好き」を深掘りして、自分たちだけのポジションを築くためには、同業のネットショップだけでなく、リアル店舗を訪れてみることも大切です。

リアル店舗を見にいくときは、ネットショップに重ね合わせて比較することがポイントです。

そこで、どんな点に気をつけて見ていけばいいか、例をあげてみましょう。

まず、たいていの場合、店舗の入口付近に手にとりやすい安価なものや、人目を引く人気商品が置かれているはずです。これはネットショップの「入口商品」と同じ位置づけになるものです。

入口商品としてどんなものを置いてあるのか、どのくらいの価格帯なのかなどをチェックしましょう。そして、ネットショップでもとり入れられるものは応用していきます。

リアル店舗をチェックするときのポイント

店舗の入口付近にどんな商品を置いているか？

- 「入口商品」としてどんなものを置いているか？
  - ➡手頃な価格の商品（どのくらいの価格帯か？）
  - ➡人目を引く人気商品（どんな商品か？）

店舗のなかに入ったら何が目に入るか？

- 「トップページ」にどんなものを置いているか？

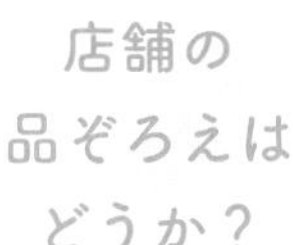

店舗の品ぞろえはどうか？

- ➡何をどのくらいの割合で置いているか？
- ➡価格帯はどうか？
- ➡珍しい商品はあるか？
- ➡季節商品の提案は？
- ➡独自のキャンペーンは？

次に、店舗のなかに足を踏み入れていったとき、何が目に入るか？

この位置にあるものが、ネットショップでいえばトップページにあたります。なかに入ってすぐ目につくものは、そのお店を印象づける大切なポイントです。

ここに何を置いて、どんな展開をしているかは必ずチェックしましょう。

次に品ぞろえを確認します。私が必ずチェックするのは、**「何をどのくらいの割合で置いているか」「価格帯はどうか」「珍しい商品はあるか」**という点です。

さらに、**「季節商品の提案」「独自のキャンペーン」**などをやっているかどうかもチェックして、もしやっていたら「自分のショップでも同じようなことはできないか」「もっと別の形で展開できないか」などを考えます。

たとえば、2月14日のバレンタインデーに向けてキャンペーンを展開しているのを見たら、自分のショップならどんな形でできるか考えます。

さらに、ワインのラベルが傷ついているだけで、中身は何ともない商品を値下げして売っていたら、「B品（正規の基準をクリアしていない商品）の需要があるんだな」と判断し、メーカーに「B品の在庫がないか」を確認することもあります。

「好き」を商品にする場合、その商品のいちばんのお客さんは自分のはずです。お客としてリアル店舗を訪れ、「こうだったらうれしい」「こんなサービスがあったら楽しい」と考えるのは、とても楽しい時間のはずです。

Point

リアル店舗に行ってネットショップに置き換えて商品の配置や販促の方法を観察しましょう

51 他業種で売れている商品を買ってみる

私は、自分が手がけるワインだけでなく、まったく別の商品カテゴリーでも、売れているものを買うことで、**“売れ筋のトレンド”を体感する**ことがあります。

別の商品カテゴリーだと、自分があたり前だと思っていることが通用しないことも多く、固定化しがちなものの見方に“気づき”を与えるいいきっかけになるからです。

同業のショップだと、たいていは同じような考えや業界の常識の範囲内で運営されているため、さほど大きな違いはないことが多いです。そのため、細かい改善点は見つかっても、大きな改善にはつながりづらいです。

そのため、同じ業界のサイトやリアル店舗の利点・欠点を見極めたら、まったく違う業界のサイトやリアル店舗も訪れて、「いいところ」をとり入れます。

実際、私のショップには、他業種からヒントを得てとり入れたものも少なくありません。いくつか例をあげましょう。

こだわりの素材でつくられた石鹸を買ったときは、その商品のパンフレットやロゴ、つくり込まれたパッケージなどが、非常に参考になりました。

日本産のオリーブオイルを購入したときは、同梱されていた機関紙に刺激され、自分たちもやってみたいと考えたこともあります。

私の妻が買った化粧品は、洗練されているのに人の温かみが伝わってくる絶妙なデザインのパッケージに入っていました。それを見て、どうアレンジすれば、同じような好印象を抱いてもらえるのかを考えました。

ちょっと高級なおつまみを買ったときには、大人っぽいイラストでつくり方の説明があり、イラストやマンガをとり入れるのもいいなと思ったことがあります。

また、アフターフォローのメールで、すごく誠実さが伝わるショップがあり、文章の内容や言葉の選び方など、参考にさせてもらいました。

さらに、破格のお試し価格で購入した健康食品は、どうやって利益を出しているのか、ビジネスモデルを考えるヒントになりました。

こうして常に、**「自分たちにも応用できないか」**という視点で見ると、どこでどのようなものを買うとしても、「好き」を極めていくことにつながっていきます。

Point

他業種のショップから学ぶことで大きな改善につながることがあります

52 商品展示会をまわってみる

私は基本的に、たくさんの情報をとり入れて活かせば、だんだんショップは磨かれていくと考えています。ですから、モデル店舗や競合店のサービス

を利用したり、他業種の店舗で買い物をしたりする以外にも、**さまざまな展示会に参加して、多くの商品やサービスに触れるようにしています。**

自分が手がける商品に関する展示会であれば、自分がお客さんになったつもりで見てまわりましょう。

「こんな商品があったら買いたいな」「こんな商品があったら面白い」など、自分が感じたことは、そのままお客さんのニーズと重なることも、きっと多いはずです。

私は、よく別の業界の展示会にも参加しますが、「何か得るものはないか」と意気込まず、遊びに行くような気軽な感覚で訪ねます。別の業界の最新情報に触れるのは、それだけで十分刺激になるからです。

自分の時間を売らずに商品を売り、「好き」で稼ぎ続けるためには、客単価を上げることが大切なポイントの1つであるとお伝えしました。

そのため、自分の業界とは関係なくても、高価な商品があれば「この商品の魅力はなんだろう」「この価格でも売れる理由はなんなのか」と高単価でも売れる秘訣を探るのです。

逆に平均的な価格より安価なものについては、「入口商品に活用できないかな」などと考えます。

よく展示会が開催される東京都江東区有明にある「東京ビッグサイト」は、展示会スケジュールをネットで公開しています。

スケジュールを見ながら、自分が「面白そう」だと思う展示会に足を運ぶのがいいでしょう。

Point

新たなヒントを得るため、積極的に展示会に参加しましょう

53 「ペルソナ」は自分自身でいい

マーケティングの分野では、潜在的なお客さんのニーズを掘り起こして、商品の構成やサービスに役立てるため、“架空の顧客像”である「ペルソナ」を設定するべきだとされています。

ペルソナとは、ショップの典型的なユーザー層ともいえます。

たとえば、私のショップであれば、**「東京都内に住む40代の夫婦、子どもなし、共働きで、仕事から帰ったあとの夕食で飲むワインが楽しみの1つ。休日は、インテリアやワインショップなどを2人でまわる」**というように年齢や性別だけでなく、価値観や休日の過ごし方などまで、細かく設定します。

こうして、顧客ターゲットとなる人物像を絞り込むことで、提供すべき商品やサービスがより明確になり、ショップを認知してもらい、来店してもらうための施策も検討しやすくなります。

本来なら、どのような商品を提供するかを検討する段階で「ペルソナ」を決めるべきなのです。

でも私は、あえて**ペルソナを決める必要はない**と思っています。

なぜなら、「好き」を商品にするときは、自分がいちばんのお客さんであり、ショップのターゲット、つまりペルソナになるからです。先ほど挙げた私のショップのペルソナも、実は私たち夫婦そのものなのです。

ただし、**自分をペルソナにするときは、勝手な思い込みがすぎないように気をつける必要があります。**

私自身は赤ワインが好きだったため、勝手に頭のなかで「ワイン好き＝赤ワイン好き」だと考え、スタート当初は赤ワインばかりそろえていました。

ところが、アマゾンや楽天のランキングを見ると、白ワインもたくさん上位に入っています。そこでやっと「自分は赤が好きだけど、白が好きな人もたくさんいるんだな」とあたり前のことに気づき、白ワインの品ぞろえを強化して、売り上げが伸びはじめました。

また、私は毎回違うワインを飲みたいので、同じワインをまとめ買いする人がいるとは考えたこともありませんでした。

でも、ランキングを見ていると、同じワインの12本セットなどが上位に入っており、「同じ銘柄を毎日のように飲む人がいる」ことに気づいたのです。

私はランキングを見る習慣があったことで、ずいぶん助けられました。

自分の思い込みに気づくためにも、ランキングは大いに役立つのです。

Point

自分をいちばんのお客さん像にしつつも思い込みに注意して、客観的な視点を持ち合わせましょう

54 「ペルソナ」を絶対視しなくていい

ショップをはじめてある程度継続的に売り上げが立つようになってくると、

顧客データや販売データなど、いろいろなデータが蓄積されてきます。

そのときはデータを参照しながら、当初想定していた等身大の「ペルソナ」に修正を加えていってもいいでしょう。

リピート顧客の共通項を導き出し、お客さんが求める商品や販売戦略を探っていくのです。

一般的なペルソナは、１人の人物像に絞り込むことを前提としていますが、私自身は顧客像を１人に絞り込む必要はないと思っています。

実際、私のショップでは、リピート顧客のなかでも客単価の高いお客さんが求める品ぞろえを強化し、平均単価を上げることに成功しています。

上位20％のファンやヘビーユーザーによる売り上げが、全体の80％を占めるというイタリアの経済学者が提唱した「パレートの法則」（2：8の法則）というものがあります。

私のショップでは上位３％程度のお客さんが全売上高の20％を占めており、上位顧客の要望を満たすことが大切であることがわかります。

しかし、ペルソナを絶対視するかのように商品を構成するべきではありません。どれだけ上位のリピート顧客であっても、はじめてショップを訪れたときから、私のショップを信頼してくれていたわけではありません。

最初は廉価な「入口商品」をお試しで買ってみて、それが気に入ったから、サイトに訪問してくれる回数や買ってくれる本数が増えていったはず。

だからこそ、入口商品を用意することやリピートしても飽きない商品構成にすることなど、ペルソナだけではなく「基本」を大切にすることが肝心です。

そうやってリピート顧客が求める品ぞろえを膨らませていけばいいのです。

Point

架空の顧客像であるペルソナを意識しすぎず、リピートしても飽きない入口商品や利益商品をそろえるなどの基本を徹底しましょう

55 お客さんに忘れられないように対策を打つ

気に入ったショップがあって、何度かリピートして買ったけれど、そのうち忘れてほかのショップで買うようになった。あなた自身、そんな経験はありませんか？

特に不満があったわけでも、商品が気に入らなかったわけでもない。ただ、同じものを買おうと思ったとき、ほかのショップが目に入って、以前のショップのことは存在すら忘れてしまった。

これだけたくさんのショップがあると、頻繁に忘れられがちなのです。だからこそ、**ネットショップにとって、一度購入してくれたお客さんに忘れられないようにすることは、とても大切です。**

144ページで「ワインが好きで、週に3〜4回飲む人がいて、1週間で2.5本のワインを消費するとしたら、1カ月で10本になる」という自分自身の例から、お客さんの購買本数を予測して、最初の品ぞろえの目標を50種類にしたというお話をしました。

同じように、イメージでいいので、お客さんの購入サイクルを一度、

考えてみてほしいのです。

顧客データがあれば、エクセルやCRM（Customer Relationship Management＝顧客関係管理）分析ツールを使えば、購入サイクルが数字で明確に算出できます。

CRM分析ツールは無料のものもありますが、セキュリティに不安があることは否めません。無料で選ぶなら「Fullfree」（https://www.fullfree.jp/）など実績のあるツールをオススメします。

「お試し機能」に限定してはいますが、「HubSpot」（https://www.hubspot.jp/、限定機能が無料）、「LTV-Lab」（https://ltv-lab.jp/、お試し期間無料）など、有料ソフトの無料版を試すのもありでしょう。

もっとも、そこまで明確に割り出さなくても、大まかなサイクルは予想できるはずです。

たとえば、200mlの化粧水であれば、朝晩使ったら２カ月くらいでなくなるはず。ワインであれば、前述のように夫婦で週３～４回飲むのであれば、１カ月で10本は消費するはず。ファッショングッズなら、季節ごとに３カ月に１回、新しいものがほしくなる人が多いはずです。

こうして大まかに予測したサイクルに合わせて、一度購入してくれたお客さんに忘れられないように、商品を提案していくべきなのです。

Point

お客さんにショップの存在を忘れられないように商品提案をしていきましょう

56 「購入サイクル」に合わせた提案をする

お客さんのだいたいの購入サイクルがわかったら、次のように対策を打ちましょう。

お客さんが購入した商品を消費し終わる一歩手前、「そろそろ新しいのがほしいな」というタイミングを想定して、メルマガなどで商品の提案をするのです。

想定した購入時期の数日から1週間前がいいでしょう。

お客さん1人ひとりに個別に提案する必要はありません。「忘れられない」ことが第一の目的なのですから、「この商品を購入した人は、このタイミング」と、商品別にメールを送ればいいのです。

「お客さんと信頼関係を築くには、アフターフォローが大切」とよくいわれます。

「購入後1週間以内にお礼のメール」「3週間後に使い心地をうかがう」といった具体的なタイミングを指示しているケースもあります。

しかし、商品によって購入サイクルは異なるのですから、お客さんに忘れられないことを第一の目的とした場合、どんな商品でも同じタイミングでお客さんと接触していたら、効果は薄いと私は考えます。

買っていただいた商品を使い終わるころに、購入したショップのことを思い出してもらうことが大切なのです。

こうした購入サイクルの話をすると、「買い換えるまでサイクルが長い商品はどうすればいいか」という質問がよく寄せられます。

たとえば、コンピュータや家電製品などは、何かトラブルが起きるまでは、同じものを5年とか10年、場合によってはそれ以上使い続けることが多いです。

こうした購入サイクルが長い商品でも、基本的には購入サイクルが短い商品と、やるべきことは変わりません。

１つ異なるのは、**購入していただいた商品そのものではなく、購入した商品に関連するものや、お客さんが関心を抱くであろう類似商品、または購入した商品にひもづく欲求に向けた商品の提案をする点です。**

高単価で一度購入したらリピートがあまり見込めないものとして、車を例にあげてみましょう。

まずは、車を購入したお客さんに関心を持ってもらえそうな「無料メンテナンスサービス」を提案すれば、自然なかたちでお客さんとコンタクトをとれるでしょう。

安全運転のためにメンテナンスは欠かせませんから、さらに有料の「定期メンテナンス」を提案する。それと同時に、車に関するアクセサリーやパーツの販売、年会費制でオーナーズクラブのコミュニティをつくるなど、次の買い替えまでさまざまな角度から提案ができます。

単価の低い例として、たとえば包丁を購入してくださったお客さんには、まずは使用していくうちに必要となる「砥石（といし）」などの関連商品の提案が考えられるでしょう。

包丁も車と同じように、メンテナンスが欠かせません。そこで、包丁の無料メンテナンスサービスを試してもらい、気に入ったら有料の定期メンテナンスを提案することもできるでしょう。

また、包丁やまな板を使うということは、料理をよくするはずですから、キッチングッズや食材の販売や、料理教室なども提案することができるはずです。

購入サイクルが長い商品の場合、商品を使用して満足しているタイミング、つまり商品を購入した喜びが消滅していない早期のタイミングで、関連商品の提案をするといいです。

具体的なタイミングでいうと、商品が「そこにあってあたり前」になる前の、購入してから2週間後に1回、さらに2週間後に1回と、2週間おきになんらかの提案ができるといいでしょう。

Point

お客さんが商品を購入したら関連する商品やサービスを無料から有料へと提案しましょう

57 商品の提案は「ジャムの法則」を参考に

お客さんの購入サイクルをもとにメルマガなどで商品を提案するとき、または商品ページで類似品を提案するときなど、「選択肢が多ければ多いほど、お客さんは満足してくれるだろう」と思うかもしれません。

しかし、実際のところ、そうではないのです。

選択肢の数について、こんな興味深い実験結果があります。米コロンビア大学のシーナ・アイエンガー教授は、スーパーマーケットでジャムの試食販売を行いました。

ある週は、ジャムを6種類、別の週はジャムを24種類用意して、売り上げを比べたのです。

すると、6種類のときは試食した人の30%が購入したのに対し、24種類のときは3%の人しか購入しませんでした。なんと10倍も開きがあったということです。

アイエンガー教授によると、人は選択肢が豊富だと得した気持ちにはなるものの、選ぶのが難しくなり、結果的に満足度が下がってしまうそうです。

そして、**人がストレスなく選べるのは、選択肢が5～9の間だと結論づけた**のです。

もちろん、この「5～9」という数字は、商品や条件、ショップの特性などによって異なってくるでしょう。

でも、ちょっと考えてみると、昼休みに近くのお店へランチに出かけたとして、ランチメニューが24種類もあると迷ってしまい、なかなか決められませんよね。たしかに、それが5～9種類だったら、すんなりと決められそうです。

洋服にしてもカラフルなものが24色そろっているより、「白、黒、グレー」のベースとなるカラーにプラス2～6色程度のほうが選びやすいです。

つまり、どんな商品でも、選択肢が多すぎるとお客さんを迷わせてしまうので、何かを提案するときは、ある程度絞り込んだほうがいいのです。

お客さんの購入サイクルをもとに商品を提案するときも、よかれと思ってあれこれと紹介しすぎず、購入履歴をベースに、類似品や好みの商品を絞り込んで紹介するほうが効果的です。

ただし、これはお客さんが一度に選択するときの数の話ですから、ネットショップの品ぞろえを全部で5～9点にしましょうといっているわけではありません。

ネットショップの売り上げの法則は、何度もお伝えしているように、

「アクセス数（訪問者数）×成約率（購入率）×客単価＝売り上げ」

ですから、最初はムリに品数を増やそうとしなくてもいいですが、商品点数が多ければ多いほど、アクセス数が上がり、売り上げに貢献してくれますので、少しずつ増やしていきましょう。

商品の点数は多くそろえる半面、サイト上で提案するときは、たとえばカテゴリー別に分けるとか、絞り込み機能をつけるなどして、基本的には5～9点以上は一度に表示しないようにするべきです。

Point

商品の提案は多すぎると迷うので、5～9点程度を目安にするといいでしょう

58 未来の売り上げを生み出す時間をつくる

「好き」を深掘りして稼ぎ続けようとするとき、私は未来の売り上げを生み出す時間をつくることがとても大切だと考えています。

未来の売り上げを生み出す時間とは、アマゾンや楽天のいろんなカテゴリーのベストセラーランキングをリサーチすることはもちろん、よりショップの個性を打ち出せるような商品選びをしたり、オリジナル商品を企画したりする時間です。

もちろん、「好きな時間に働きたい」「週1回、月1回のパソコン作業で終わらせたい」といった自由度の高い働き方を望んでいる場合、できるだけ効率的にやるべきことを終わらせて、あとは自分の時間としたい気持ちはわかります。

また、副業としてスタートしたのであれば、本業が忙しいなど時間に制限があるでしょう。

でも、せっかく「好き」を商品にして稼げるようになったのであれば、少しでもいいから時間をとって、近い将来も継続的に「好き」で稼げるようにしていきたいものです。

ある程度、売り上げが増えてくると、満足して「このままでいい」と考えることもあるでしょう。欲張らず、現状維持でいいと思っていても、この変化の激しい時代に「このまま」「今のまま」であること自体、大変なことです。

現状維持でいいからと、なにもせずにいると、いずれ頭打ちになり、

売り上げは減少していくことがほとんどです。

これまで私は、そんなショップ経営者を少なからず見てきました。先のことを考える時間をつくり、新しいチャレンジをしていくことで、ショップは新鮮さを維持して、「好き」でサイトを訪れてくれるお客さんにも喜んでもらえるのです。

極端な話、「好き」を販売することで、自分が望むだけの収入を得られたら、それ以外の利益は、アルバイトを雇う費用にあててもいいと思っています。

商品点数が増えてくれば、登録するにも時間がかかります。そうした作業をアルバイトに任せて、自分自身は未来を考え、未来の売り上げを生み出す時間をつくることを考えてみてください。

Point

収益が増えてきたら人材に投資して未来の売り上げを生み出す仕事に力を入れましょう

STEP

6

数字を武器にお金を稼ぐ

59 “全力で逆走しない”ために必要なこと

ショップを運営して12年になりますが、いつまでたっても、うまくいくことと、いかないことの繰り返しです。

そんななかでも、ある数字に着目することによって、うまくいっているときは、より積極的に攻めに出られますし、うまくいかないときも、マイナスをできるだけ少なくすることができるようになります。

そこでSTEP6では、数字を味方につけることで、「好き」を商品にした事業が成功する確率が格段に高まる方法についてお話ししていきましょう。

私は、「貸借対照表」（バランスシート）を理解してほしいとか、「帳簿」を完璧につけてほしいなどとは思っていません。

でも、ポイントとなる数字をまったく見ずにショップを運営してしまうと、「成功に向かって全力で逆走している」ようなことになってしまいがちです。

数字がわかれば、ショップの現状を明確に把握できます。そして、その数字で、これから先を予測することもできるのです。

私は、起業してから1年半もの間、無収入だったときも、財務や会計の知識があったため、「あとどれくらいアクセス数が増えれば、どれくらい経営が改善するか」「あといくら売れれば赤字から脱出できるか」というポイントが見えていました。

もしかしたら周りからすると、「もういい加減、やめたほうがいい」と思われていたかもしれませんが、その数字を励みにして、くじけずに続けることができたのです。

私が陥っていた状況は、たとえると砂漠でどこにあるかわからない井戸を掘っていたようなもの。普通だったら、暑いし喉はカラカラになるし、どこをどれくらい掘ったら水源にたどり着けるのかわからず、あきらめてしまうかもしれません。

でも、もしかしたら、あと10cm掘れば水源にたどり着くかもしれない。そこであきらめてしまうのは、なんとももったいない。

それが数字を知っていれば、だいたいの見当がつきますから、焦らずにやるべきことに力を注いで、正しい方向に進んでいけるのです。

Point

ショップの現状と将来を予測するための数字のポイントを押さえておきましょう

60 押さえておきたい3つの数字

ここでまずは知っておくべき数字を3つご説明します。

❶売上高・売上原価・粗利益（売上総利益）

この3つは1セットでチェックしましょう。

売上高は商品の売上額の合計、売上原価は商品の仕入れ、または製造コストの合計、そして「売上高 − 売上原価 = 粗利益（売上総利益）」です。

粗利益から支払わなければならないものは、いろいろとありますが、とりあえず営業活動をして"ざっくりと手元に残るお金"が「粗利益」だと覚えておきましょう。

❷損益分岐点

次に知っておきたいのが「損益分岐点」です。簡単にいうと、「売上高」と、売上高をつくるためにかかった「総費用」が同じになるポイントのことです。

売上高より総費用が多ければ損失（赤字）が生まれ、売上高より総費用が少なければ利益（黒字）が生まれます。

売上高と総費用が同じで、利益がプラスでもマイナスでもないトントンのときの売上高を**「損益分岐点売上高」**といいます。

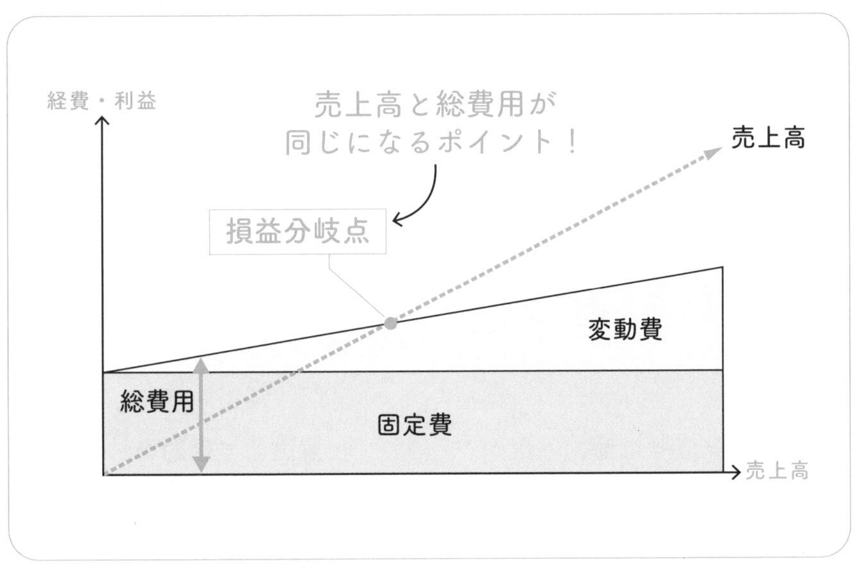

売上高100万円、総費用100万円だとすると、利益0円ですよね。そして、売上高が101万円に増えても、総費用100万円のままだとすると、増えた売上高１万円が利益として残ります。

この例でいうと、売上高100万円が、利益が出るか出ないかの分岐点なので「損益分岐点売上高」です。

損益分岐点売上高とは、次のようにも考えることができます。

売上高 － 固定費（家賃・水道光熱費・人件費など）－ 変動費（仕入れ代・原材料費、配送費など）＝ **0円**

そして、**損益分岐点売上高は、いくら売り上げれば、事業が存続していけるのかを知る目安となる大切な数字**なのです。

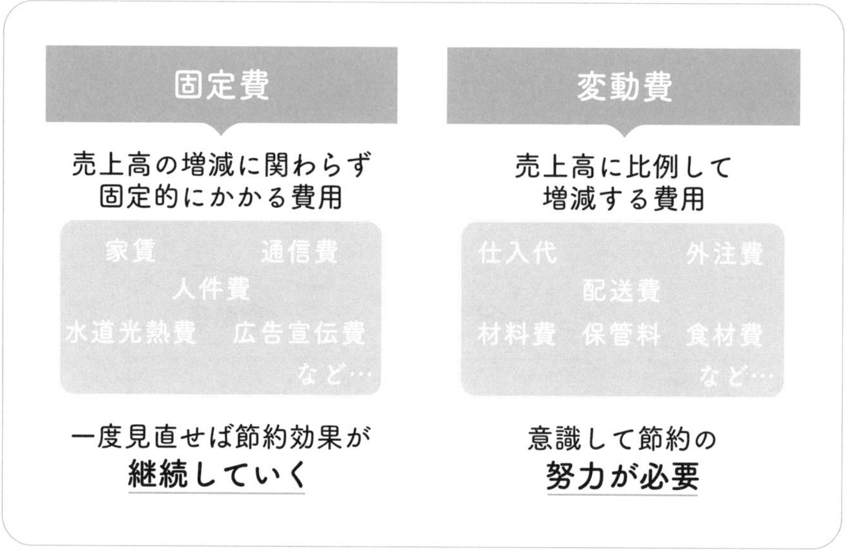

固定費	変動費
売上高の増減に関わらず固定的にかかる費用	売上高に比例して増減する費用
家賃　通信費　人件費　水道光熱費　広告宣伝費　など…	仕入代　外注費　配送費　材料費　保管料　食材費　など…
一度見直せば節約効果が**継続していく**	意識して節約の**努力が必要**

事業を営んでいくときに発生する経費には、「固定費」と「変動費」の2種類があり、固定費とは家賃、水道光熱費、人件費、通信費など、売り上げにかかわらず必要な経費。変動費とは仕入れ代・原材料費、配送費、販売手数料・外注費など売り上げに応じて増減する経費です。

スタートしたばかりであれば、事務所や倉庫なども借りておらず、固定費は自分の人件費と家賃くらいで、ほぼないものだと考えることができます。変動費は、商品の仕入れ代や原材料費、配送費以外は、決済会社に支払う決済手数料程度になるでしょう。

ちょっと計算してみましょう。たとえば、1本1000円のワインの仕入れ代（変動費）が700円で、人件費と家賃が合計20万円だとすると損益分岐点売上高はいくらでしょうか（変動費は仕入れ代のみで、そのほかの細かい変動費はここでは考えません）。

ワイン１本を販売したときの利益は300円です。そして、固定費（人件費・家賃）20万円までの利益を得るためには、何本のワインを売ればいいか？

その必要な販売本数と損益分岐点売上高を算出してみましょう。

固定費（人件費・家賃）20万円 ÷ １本あたりの利益300円 ＝ **666本**
１本1000円 × 666本 ＝ **損益分岐点売上高66万6000円**

損益分岐点はワイン666本を売ったときであり、そのときの損益分岐点売上高は66万6000円。667本目が売れたときに、その損益分岐点を超えることになります。

損益分岐点を超えた667本目が売れたときの売上高は66万7000円で、このときの仕入れ代（変動費）は46万6900円になるので、差し引くと20万100円。この瞬間から固定費（人件費・家賃）20万円との差額となる利益100円が出ます。

また、１本1000円のワインの仕入れ代（変動費）は700円なので、原価（変動費）率は70％となります。

１本あたり仕入れ代700円 ÷ １本あたり販売額1000円 × 100 ＝ **70％**

この変動費率がわかれば、次の計算式で「損益分岐点売上高」が求められます。

固定費 ÷（１ － 変動費率）＝ **損益分岐点売上高**

この場合の損益分岐点売上高は、「固定費（人件費・家賃）20万円÷（１－

70%）＝66万6000円」となるわけです。

❸限界利益

そして、最後に知っておきたいのが、「限界利益」です。これを知っておくことで、いくら売り上げれば、目指す利益が得られるのかがわかります。

私も事業をスタートしたばかりのころは「月100万円くらい売れればいいかも？」などと、漠然と考えていました。

しかし、のちに限界利益から導いた数字で算出してみると、月100万円の売上高から固定費や変動費を差し引くと、自分の目指していた生活レベルを維持できる金額にはならないことがわかったのです。

また、**限界利益を算出して、自分が望む利益が出ているとわかれば、進んでいる方向が間違っていないと確信できます。**

その限界利益は、次の計算式で求められます。

売上高 − 変動費（仕入れ代など）＝ **限界利益**

このように限界利益とは、売上高から変動費を差し引いたものです。限界利益には固定費（人件費・家賃など）と利益が含まれているということです。

たとえば、売上高100万円で変動費50万円の場合、限界利益は50万円です。

売上高から仕入れ代や商品発送用のダンボール、配送料、決済手数料などの変動費を差し引いた金額が、限界利益として算出されます。

副業として「好き」を商品にしている場合、もしかしたら、この利益（限界利益）がほしい収入の金額となるかもしれません。

ただし、副業ではなく、独立して「好き」を商品にして稼ぐ場合は、少し

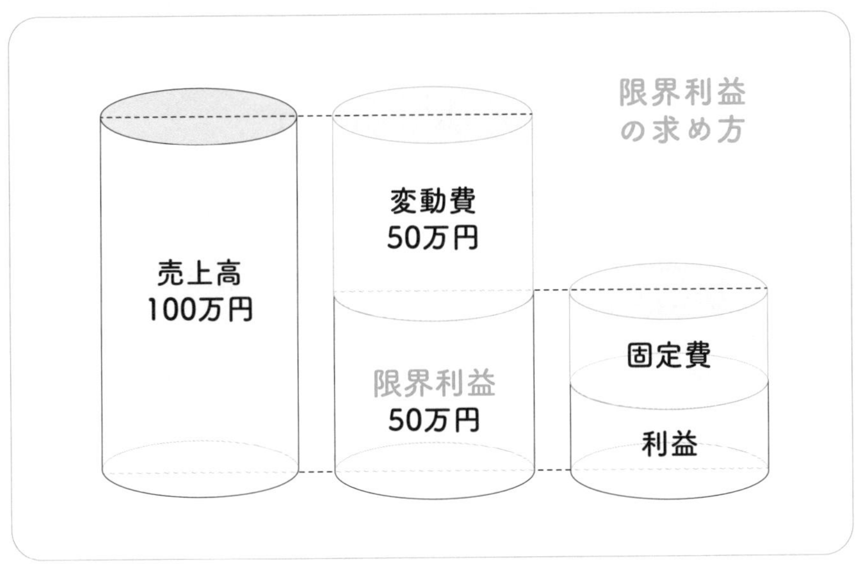

考え方が異なります。

たとえば現在、毎月30万円の収入があり、独立しても同じだけの収入を得たいと考えているとすれば、限界利益30万円を得られたからといっても、それは単に生活を成り立たせるための最低限の数字にしかなりません。

得た利益をすべて自分の生活費にあてるのではなく、新しい商品やショップのサービスを向上するために再投資する。

これができるようになってこそ、お客さんに喜んでもらい、さらに売り上げが伸びていくようになるのです。

売上高から変動費を差し引いたのが限界利益ですが、売上高のうち限界利益が占める割合を示すのが「限界利益率」です。

この限界利益率を算出することによって、売上高の増減にともなって、限界利益がどれだけ変動するかを把握することができます。

限界利益率は、次の計算式で求められます。

限界利益 ÷ 売上高 × 100 ＝ **限界利益率**（%）

前述したワインの例をベースに説明すると、1本1000円のワインが売れたときの利益300円（売上高－変動費）が限界利益です。

限界利益300円 ÷ 売上高1000円 × 100 ＝ **30%**

限界利益を売上高で割った30%の部分が限界利益率ですが、「1 － 原価率70% ＝ 30%」とも求められます。

この限界利益率がわかれば、先の損益分岐点売上高も、次のように算出できます。

固定費 ÷ 限界利益率 ＝ **損益分岐点売上高**

先ほどのワインの例にあてはめると、次のようになります。

固定費20万円 ÷ 限界利益率30% ＝ **約66万7000円**

Point

①売上高・売上原価・粗利益、②損益分岐点、③限界利益――この3つの数字だけでも押さえておきましょう

61 いくら売れればほしいお金が手に入るかは「限界利益率」でわかる

限界利益率は、全体でいくら売り上げれば、希望する自分自身の収入を得られるのかがわかる指標にもなります。たとえば、副業で自分自身の収入として毎月30万円を得ることを目指したいとします。

とりあえず自宅で、自分ひとりでショップを運営するとして、家賃や人件費などの固定費がかからないとします。そして、ワインのように原価率70%の商品を販売すると仮定しましょう。

変動費が売上原価だけだとすると、限界利益率は「1－70%」で30%になります。ほしい収入が30万円で、固定費が0円だとすると、限界利益が30万円になる売上高がわかればいいのです。

つまり、固定費30万円の場合の損益分岐点売上高を導くことと同じなので、

固定費（目標収入）÷ 限界利益率 ＝ **損益分岐点売上高**

つまり**目標収入30万円÷限界利益率30%＝目標売上高100万円**となるわけです。

もし、固定費（家賃と人件費）が20万円発生したとすると、先ほどの固定費（目標収入）に20万円を足せばよいので、**（目標収入30万円＋固定費20万円）÷限界利益率30%＝目標売上高167万円**と導き出すことができます。

同じように原価率70%の商品で、たとえば100万円の収入がほしければ、**目標収入100万円÷限界利益率30%＝目標売上高333万円**となります。

もちろん、目標売上高がわかったとしても、実際にはそれが達成できないことがたくさんあります。

とはいえ、たとえば「100万円の収入がほしい」と思いながら、数字について何も知らないと、「なんとなく売れているのに、儲かっていない？」という曖昧な状況に陥りがちです。

ところが「月333万円売れば、自分が理想とする収入になる」と明確にわかっていれば、「今の売り上げは月100万円だから、あと233万円売ろう！」「そのために、あとワインを2330本売ればいい」という考えに至ることができます。

そうすれば、やることも明確になりますし、正しい方向に進みやすくなります。

Point

自分がほしい収入から逆算して目標売上高や販売数量を明確にしましょう

62 売り上げをつくる「アクセス数（訪問者数）×成約率（購入率）×客単価」

何度もお伝えしているように、ネットショップの売り上げをつくる公式は、**「アクセス数（訪問者数）×成約率（購入率）×客単価」**です。

アクセス数はサイトの訪問者数。成約率はサイトの訪問者のなかで、実際に購入した人の割合。客単価は購入してくれたお客さんが平均でいくら買い物をしてくれたか――。

このアクセス数・成約率・客単価がかけ合わさることで、ショップ全体の売り上げとなるのです。たとえば、

- **アクセス数** ▶サイトに100人が訪れてくれた（100人）
- **成約率** ▶サイトに訪れてくれた100人のうち３人が買ってくれた（３％）
- **客単価** ▶１人目2000円、２人目3000円、３人目5000円購入してくれた（合計１万円÷３人＝3333円）

これを先ほどの公式に当てはめると、以下のようになります。

アクセス数100人 × 成約率３％ × 客単価3333円 ＝ **売上高１万円**

これら３つの数字は、ECプラットフォームの場合、「BASE」は追加料金なしで閲覧することができます。しかし、「カラーミーショップ」「STORES」「Shopify」は、別途料金がかかります。

ただし、**サイトの閲覧数とコンバージョン（成約）数であれば、米グーグルのサイト閲覧解析ツール「グーグルアナリティクス」（https://developers.google.com/analytics?hl=ja）を使えば、無料でチェックすることができます。**

さらにグーグルアナリティクスでは、「どのキーワードでサイトに入ってきたか」「どのページを閲覧したか」「どのぐらい滞在していたか」「どのページから離脱したか」などを分析することもできます。

もっとも、やはり「アクセス数」「成約率（数）」だけでなく、「客単価」もきちんと把握することによって、何が足りないのかが見え、やるべき対応策がわかります。

そのため、最初のうちは無料のグーグルアナリティクスを使うだけでもいいのですが、有料になるとはいえ、早いうちに解析ツールを導入することをオススメします。

解析ツールは、それぞれのECプラットフォームや提携アプリが提供する有料の解析ツールを使うのがオススメです。

また、アマゾンや楽天などの大手ECモールに出店すれば、このような情報は無料で入手できます。

Point

ショップの「アクセス数」「成約率」「客単価」をきちんと把握しておきましょう

63 売り上げ倍増も"分解"すれば達成可能に思えてくる

「アクセス数」「成約率」「客単価」の3つの数字を業界平均などと比べることで、自分のショップの強み・弱みを導き出すことができます。そして、売り上げアップのための手を打つことができるようになります。

たとえば「アクセス数」が低ければ、広告を打つなどの手立てが考えられますし、「成約率」が低ければ、サイトの商品画像を変えたり説明を増やしたりと、商品ページを充実させるための手立てを講じることができます。

また「客単価」が低ければ、セット販売をしたり高額商品を導入したりといった手立てがあります。

それぞれの詳しいやり方については、STEP7とSTEP8で説明します。

また、この公式に数字を当てはめると、面白いことがわかります。

今のショップの売り上げを、急に「2倍にしろ」といわれても、誰もが「そんなこと無理」「できないよ」と思うでしょう。

でも、たとえば「アクセス数」「成約率」「客単価」のそれぞれを1.2倍にするのであれば、できそうな気がするはずです。

それぞれを1.2倍にすることによって、なんと売り上げは2倍近くになるのです。

1.2倍 × 1.2倍 × 1.2倍 ＝ **1.7倍**

さらに、それぞれを1.3倍にすることによって、売り上げは2倍以上になります。

1.3倍 × 1.3倍 × 1.3倍 = **2.2倍**

こうやって分解して考えると、売り上げを2倍にするのも、さほど難しくないと思えてくるのではないでしょうか？

数字に親しむことによって、これほど物事の見方が変わるということです。

そして、数字によって、何をどうすればいいかがわかるので、間違っても成功に向かって逆走するようなことにはならないのです。

Point

「アクセス数」「成約率」「客単価」に分解して目標を立てましょう

64 ニッチ商品が弱い数字は「アクセス数」

「好き」を商品にしたニッチな商品は、幅広く一般に受け入れられるものではないため、売り上げの3要素のうち、どうしても「アクセス数」が弱くなりがちです。

私も最初のころはアクセス数アップに苦労して、SEO（検索エンジンの最適化）をうたう広告会社にお金を払って宣伝したものの、うまくいかないことを繰り返していました。

ただ一方で、ニッチな商品は、気に入ってもらえれば「成約率」も「客単価」も高くなりやすい面があります。

そこで私のショップがやったことは、**自分たちの強みを伸ばすこと**です。

具体的には、商品ページをつくり込んで成約率を上げること。またセット商品や、あわせ買いを促すための提案を充実させたり、高単価の商品を導入したりして、客単価を上げていきました。

そうして、"お客さんの受け皿"を整えてから、あらためて外部の業者さんに広告を依頼したのです。

たとえば、現在の状態を「1」として考えてみます。

アクセス数1 × 成約率1 × 客単価1 ＝ **売上高1**

お金をかけて広告を出し、アクセス数を高められたとしても、売り上げは次のようにしかなりません。

アクセス数1.3 × 成約率1 × 客単価1 ＝ **売上高1.3**

やみくもに広告を出稿するのではなく、まずは自分のショップの強みを伸ばし、サイトを整えて"お客さんの受け皿"をつくり、成約率・客単価のアップをすると、次のようにお金をかけて広告を出す以上の効果を得られることがわかります。

アクセス数1 × 成約率1.3 × 客単価1.3 ＝ **売上高1.7**

成約率と客単価を高めてから、あらためて広告を出稿するなどしてアクセス数を高めれば、次のように相乗効果を得られるのです。

アクセス数1.3 × 成約率1.3 × 客単価1.3 = **売上高2.2**

Point

「アクセス数」「成約率」「客単価」の3つの数字のかけ合わせで売り上げアップ

65 売り上げや利益は「高」でなく「率」で見る

数字を意識しはじめると、たとえば利益だったら「利益率」「利益高」、経費だったら「経費率」「経費高」など、同じ用語でも「率」や「高」で表示されていることがあり、どちらで考えたらいいのかと、迷うことがあるでしょう。

私は、基本的に「率」ではなく「高」で管理しています。なぜなら売り上げも売上原価も諸経費も、すべて金額ベース、つまり「高」で数字が動くからです。

「損益分岐点」について説明したときにも触れましたが、**事業を運営していくうえで大切なのは、「固定費を限界利益が上まわっているか」どうかです。**

そのため、「高」で管理するのが大切なのです。

私は、売り上げを伸ばそうとするとき、たとえば「100万円から150万円を目指そう」のように、「高」で考えます。

ただ、利益率の低い商品は、売り上げを伸ばそうと「高」ばかり気にしていると、赤字になる可能性があるので、「率」を把握して細かな数%をしっかり見ていく必要があります。

ちょっと頭が混乱してしまうかもしれませんので、一体どういうことか、表を使って説明していきましょう。

まずは、利益率が低い商品を「A」として、わかりやすく「売上高100」と仮定し、「売上原価70%」「諸経費20%」「粗利益10%」だとしましょう。

もう1つは利益率が高い商品を「B」として、こちらもわかりやすく「売

● 利益率が低い商品A

売上高	100	100%		100	100%		100	100%
売上原価	70	70%	5%減	65	65%	10%減	60	60%
諸経費	20	20%		20	20%		20	20%
粗利益	10	10%	1.5倍	15	15%	2倍	20	20%

● 利益率が高い商品B

売上高	100	100%		100	100%		100	100%
売上原価	30	30%	5%減	25	25%	10%減	20	20%
諸経費	20	20%		20	20%		20	20%
粗利益	50	50%	1.1倍	55	55%	1.2倍	60	60%

上高100」として、「売上原価30%」「諸経費20%」「粗利益50%」と仮定しましょう。

ここで、売上原価を5%削減できたと仮定して、商品A・B両方に当てはめてみます。

利益率が低い商品Aの場合、売上原価を5%削減すると、粗利益が全体の15%と1.5倍になったことがわかります。ところが、利益率の高い商品Bに当てはめると、売上原価が5%減っても、利益率は50%から55%に変わっただけで1.1倍にしかなりません。

さらに、売上原価を10%削減できたと仮定して、商品A・B両方に当てはめてみると、利益率が低い商品Aの場合、売上原価を10%削減すると、利益が全体の20%と2倍になります。しかし、利益率の高い商品Bに当てはめると、売上原価が10%減っても、利益率は50%から60%に変わっただけで1.2倍にしかなりません。

利益率が低いものは、数字、つまり「高」で見てしまうと、細かい変動がつかみにくくなりますが、「率」で見るとわかりやすいのが見てとれます。

そのため、利益率の低いものは、全体のバランスを「率」で見て、そのときの状況を把握しながら管理するのがオススメです。

一方で、利益率が高い商品Bは「率」で見ても変化がつかみにくいです。しかし、利益率がそもそも高いのですから、細かく「率」で管理しなくても「どうやったら売り上げが増えるか」を「高」で考えておくだけで、伸ばすことができます。

よく、自社で製造している化粧品やサプリなどが、たとえば「通常1万円のところ、3日間限定で半額の5000円」のようなプロモーションをやっているのを見かけますよね？

こうした商品は、利益率が高いので、「高」で考える大胆な販促を行うことができているのです。

Point

基本的に利益率が低い商品は「率」、利益率が高い商品は「高」で見るようにしましょう

66 数字は定期的に見ることでうまく活かせる

数字についてお話をすると「数字を見ているだけで頭が痛くなる」という人も少なくありません。

でも、数字は意識して見るようにしていると見慣れてきますし、定期的に見ることでうまく活かせるようにもなります。

事業をスタートしたばかりであれば、数字の変動はあまりないかもしれません。でも、だからこそ、小さな変化に気づきやすくなります。

私の場合、「1つ商品を追加すると、このくらいアクセス数が増えるんだな」「じゃあ、3つ追加したらどうなるのだろう」というふうに、数字で表れる結果を見ながら試行錯誤を繰り返していました。

また、お客さんが「よく見ているカテゴリー」や「よく見ている価格帯」

などアクセス解析のデータを参考にして、取扱商品の品ぞろえに反映させていました。

「ナパバレー」という2000円で販売しているカリフォルニアワインが、髙島屋で5000円で売られているのを見て取扱数を増やしたのも（8ページ参照）、アクセス解析を見ていたからこそです。

そのおかげで私のショップは、現在550を超えるワイナリーが加盟する非営利生産者団体「ナパヴァレー・ヴィントナーズ」が実施する「ナパワインフェア2019」「ナパワイン・アンコールフェア2022」で連続２回（2000・2021年は開催せず）、ワインショップ部門で日本一を獲得。

フェア期間中のナパバレーのワイン販売本数が日本一として賞され、ナパワインが得意なショップとして知られるようになりました。

定期的に数字を見続けていると「異常値」に気づきやすくなります。

異常値というのは、普段とはかけ離れた数字のことで、いい場合も、よくない兆しの場合もあります。

私の経験でお話しすると、「客単価」が急に下がったことがあり、その理由を探っていたら、売れ筋商品が品切れだったことを発見しました。

自社にアクセスしたお客さんの人数「アクセス数」に対して、実際に購入した人の割合である「成約率」が、特定の商品で極端に下がったときは、競合店が値下げをしていたことがわかりました。

もちろん、導入した商品がヒットして、売り上げが急激に上がったこともあります。反対に、売り上げ全体が伸び悩んでいるときは、「入口商品」が魅力的でないことも考えられるでしょう。

こうした数字は「どのくらいの頻度で、確認すればいいですか」と聞かれることがあります。

最初のうちは、週に1回でも、3日に1回でも、頻度を決めて定期的に確認しましょう。

ただ、販売サイトを持っているのであれば、管理者画面にログインすると、すぐにアクセス解析が見られるようになっているサイトがほとんどのはず。

できれば、ログインするたびに「売上高」「客数」、そして売り上げに関わる重要な数字である「アクセス数」「成約率」「客単価」はチェックするようにしましょう。

Point

「売上高」「客数」「アクセス数」「成約率」「客単価」はログインのたびにチェックしましょう

67 在庫の「回転率」は1カ月に1回転を目標に

ここで知っておくと役立つ「在庫回転率」についてお伝えしましょう。

在庫回転率とは、一定期間内に商品がいくつ売れたかの指標です。

商品在庫全体で算出してもいいのですが、私は1つひとつの商品単位でチェックするほうがいいと考えています。

目安としては、「1つの商品が、1カ月に何回（何個）売れたか」に着目するといいでしょう。

たとえば「これは売れるから、在庫を常時10個は用意しておこう」という商品が、1カ月で10個売れたとします。この場合「在庫が1回転した」ということになります。1カ月で20個売れたら「2回転」、逆に10個売れるのに2カ月かかったら、2カ月で1回転になります。

私のショップでは、すべての在庫が3カ月で2回転（1.5カ月で1回転）するように調整しています。これはかなり優秀な数字ではないかと思っています。

こんなことをお伝えしていながらなんなのですが、実のところ私が在庫回転率の大切さに気づいたのは、ショップの運営をはじめて、ずいぶんたってからのことでした。

少しずつワインが売れるようになってきたころは、在庫を抱えることに慎重になりすぎて、何度も「売り切れ」→「仕入れ」を繰り返していました。

ところが、あるとき「在庫回転率」という指標があることを知り、確認してみたところ、1カ月に3回転も4回転もしている商品があったのです。

「この商品は、さすがに在庫を増やしたほうがいいだろう」と、それまで在庫3本だったのを倍の6本に増やしたら、すぐに売り上げが1.3倍になったのです。

在庫回転率は、もちろん高いほうがいいです。ただし、最初は2カ月に1回転、できれば1カ月で1回転するのが理想です。

そもそも在庫というのは、お金を払って商品を仕入れているわけなので、“お金が倉庫で寝ている”ようなもの。在庫が回転しないと、せっかくの資金を寝かせたままになってしまいます。

そして、たいていの場合、商品を仕入れると「月末締めの翌月末払い」という支払いサイクルになっています。つまり、今月中に仕入れたぶんは、月末に合計して請求され、翌月末に支払います。

在庫が１カ月以内に回転するということは、お金を払って仕入れた商品が、仕入れ代金を支払うまでにすべてお金に代わるということです。それだけ資金に余裕が生まれるということですから、**在庫回転率が１カ月で１回転というのが１つの理想**なのです。

反対に、在庫がいつまでも売れずに倉庫に眠っていたら、そのぶんの資金が現金化できずに苦しくなります。もちろん、高額なものなど回転が遅い商品もありますから、そのぶん、回転の早いものを増やすなどすることで、全体的な在庫回転率を高めておくことが大切です。

Point

在庫回転率は２カ月に１回転、できれば１カ月で１回転を目指しましょう

68 経費は金額が大きいところから見直す

ここまでは、売り上げに関する数字を見てきましたが、売り上げを生み出すために使う「経費」についても着目しましょう。

経費とは、ショップを運営するために必要な費用のことです。

ショップ運営でかかる経費としては、商品の仕入れ代のほかに、クレ

ジットカード決済手数料・ECモールに支払う販売手数料・梱包資材料・配送料・広告費・倉庫料・家賃・人件費などがあります。

家計を節約するには、出費が大きな三大固定費（住居費・保険料・通信費）を見直すと効果的だといわれますが、ショップ運営の経費も金額が大きいものを見直すと効果的です。

とかくクレジットカード決済手数料や販売手数料、配送料、梱包資材料、倉庫料などは、一度契約を結んだら、そのままの金額で払い続けなければならないと思いがちです。

しかし、こうした出費は状況次第で交渉することができますし、利用するボリュームが大きくなればなるほど、ボリュームディスカウントがきくようになりますから、定期的に交渉するべきです。

こうした料金を私も定期的に見直していますが、直近の例だけいっても、配送業者2社と交渉した結果、1カ月の配送料を100万円近くも下げてもらうことができました。

また、「BASE」「STORES」「カラーミーショップ」「Shopify」などのクレジットカード手数料も、利用金額が増えてきたら交渉の価値はあると思っています。

毎月1000万円以上の利用があるのならば、たとえ0.1％でも下げてもらえたら、手数料が月額1万円、年間12万円も安くなるのです。

Point

毎月必要な経費は定期的に見直しをしましょう

69 LTV（顧客生涯価値）を知っておく

近年、LTV（Life Time Value＝顧客生涯価値）という指標が注目を集めています。簡単にいうと、お客さん1人が、自分のショップと取引がある期間にどのくらいのお金を使ってくれるかという指標です。

「生涯価値」といっても、そのお客さんが一生の間に使う金額ではなく、買い物を続けている期間を指すのがポイントです。

マーケティングの世界に「1：5の法則」というものがあります。これは新規のお客さんを獲得するには、既存客の5倍のコストがかかるという法則です。

つまり、一度来店して商品を購入してくださったお客さんとは良好な関係を築き、繰り返し商品を買っていただくことで、売り上げを安定させて収益性を高めることができることを示唆しています。

もちろん、事業をスタートしたばかりのときは、LTVまで気がまわらないかもしれません。しかし、LTVという言葉だけでも知っておいて、お客さんにリピートしてもらうことの大切さを当初から意識しておくことは重要です。

LTVの算出方法は、いろいろとありますが、基本的なのは次の通りです。

購入単価 × 購入回数 ＝ **LTV**

ちなみに、ほかにも計算式があります。

(売上高 － 売上原価) ÷ 購入者数 ＝ LTV
顧客の年間購入額 × 収益率 × 顧客の取引継続年数 ＝ LTV
顧客の平均購入単価 (客単価) × 平均購入回数 ＝ LTV

なお、私のショップでは、次の計算式を使っています。

２年間の売上高 ÷ 購入者数 × 限界利益率 ＝ LTV

期間を２年間に限定している理由は、２つあります。

１つは、私のショップで最も売り上げ比率の高い楽天のデータは、２年間を最長としていることがあります。これに加えてもう１つは、期間をもっと長くして5年などとすると、回収するまでに5年かかる計算となり、資金繰りに影響するからです。

LTVをあえて2年に設定して計算することによって、１人のお客さんから2年間で得ることができる金額がわかり、コンパクトなショップ運営に役立てることができるのです。

私が使っているLTVの計算では、１人のお客さんの２年間に区切った限界利益を把握することができます。**これにより新規客の獲得コストをいくらまでかけられるかを、判断することができるのです。**

たとえば、この計算式で導き出した、LTVが5000円だとしましょう。

すると、新規客１人の獲得コストに2000円を費やしても、そのお客さんが２年間で平均3000円の利益を残してくれる計算になります。

LTVを算出する最大の利点は、広告などに投資できる金額が具体的にわかることです。

効果が見込める広告やお客さんに喜んでもらえる販促だとしても、LTVがわからないと、金額によってはなんとなく躊躇(ちゅうちょ)してしまうといったことが起こります。

「好き」を商品にしているのであれば、同じ「好き」を持つお客さんと、できるだけ長いおつき合いを目指したいですし、可能な限りの利益を再投資して、喜んでもらえる価値を最大化していきたいですよね。

具体的なLTVの活用法はSTEP8で説明しますが、まずはLTVという考え方があることを知っておいてください。

Point

2年をベースにLTVを把握して新規顧客の獲得コストを計算しましょう

70 「資金繰り表」で最悪の事態、資金ショートを避ける

せっかくスタートした「好き」を商品にする事業を終わらせなければならなくなる……その最悪の事態を招くのが「資金ショート」です。

資金ショートとは、商品の仕入れ代金や配送料など、社外への支払いができなくなる状態です。もし銀行で資金を借りているのであれば、返済できな

くなったときが、一般的にいわれる「倒産」です。

支払いができなくなるというのは、つまり手元に現金がなくなってしまうということ。経営自体は赤字でも、資金があれば事業は継続していくことができるのです。

ショップを運営していくには、手元に現金を残しておくことがとても重要です。

そうした、資金の出入りをひと目でわかるようにできるのが、「資金繰り表」です。ショップを運営していると、「入金」と「支払い」が繰り返されます。

入金とは、お客さんが購入してくれた代金です。お客さんが購入した商品の代金は、自社サイトの場合、「BASE」「カラーミーショップ」「STORES」「Shopify」などのECプラットフォームが、お客さんの手元に商品が届いたのを確認してから、一定期間を置いたのち、ショップが「振り込み申請」をするか、半月や1カ月などの決まった期間で自動的に金額が集計されて、口座に入金されるという流れになっています。

大手ECモールでも似たような工程を踏んで、入金に至ります。

申請してから入金されるまでの日数は、サイトにより異なりますが、早いところで「10営業日」、遅い場合は、「月末締めの翌々月20日払い」などがあります。

一方で、ショップが仕入れた商品の代金の支払いがあります。

こちらは一般的に、その月に購入したぶんをまとめて「月末締め」として、「翌月末支払い」をするケースが多いです。

支払いより入金が遅くなれば手元の資金が減り、入金が支払いより早まれば資金に余裕ができるのはおわかりになるでしょう。

私は、ショップをスタートしたばかりのころは日別の資金繰り表をつくって、毎日確認をしていました。作成していたのはエクセルによるシンプルなつくりで、次ページの表のようなものです。

現在では、月別に変更していますが、この資金繰り表があったからこそ「あと3カ月で資金が尽きる」といった自分の状況を明確に把握できたのです。

副業でショップを運営しているのであれば、もしかしたら資金繰り表までつくる必要はないかもしれません。

ただ、お金の出入りを把握しておくことは、ショップ運営をスムーズに展開することにもつながります。余裕があれば月別でもいいので、やってみるといいでしょう。

「BASE」「カラーミーショップ」「STORES」「Shopify」などでは、手数料はかかるものの、希望すれば「早期入金サービス」を利用できます。

たいていの場合、申請してから10営業日程度で入金されますので、資金に余裕がなくなったら、こうしたサービスを利用することも念頭に置いておくといいでしょう。

また、資金に余裕を持たせるためには、前述したように在庫回転率を高めることも有効です。

いずれにしても大切なのは、支払いサイクルよりも入金サイクルの日数を可能な限り短くすることです。

支払いサイクルよりも入金サイクルが短ければ、売れれば売れるだけ資金繰りが楽になりますが、逆に入金サイクルのほうが長いと資金繰りは悪化します。

現金での支払いがあたり前だった時代は、売れれば売れるほど資金繰りが楽になる傾向がありましたが、キャッシュレス決済が主流の今では難しいことです。

しあわせワイン倶楽部

			1	2	3	4	5	6	7	8	9	10	11	12	13	14	15
			月	火	水	木	金	土	日	月	火	水	木	金	土	日	月
	前月繰越金　A		1,000,000	1,000,000	1,015,000	1,015,000	1,015,000	995,000	995,000	995,000	995,000	995,000	995,000	995,000	995,000	995,000	995,000
営業	収入	クレカ入金															
		代引き入金					30,000										45,000
		現金入金		15,000													
		その他															
		計　B		15,000			30,000										45,000
	支出	仕入					50,000										
		梱包資材															
		家賃															
		その他経費															
		人件費															
		その他															
		設備支払															
		計　C					50,000										
	営業収支 D=B-C			15,000			-20,000										45,000
金融	借入	短期借入金															
		長期借入金															
		計　E															
	返済	短期借入金返済															
		長期借入金返済															
		計　F															
翌月繰越 A+D+E-F			1,000,000	1,015,000	1,015,000	1,015,000	995,000	995,000	995,000	995,000	995,000	995,000	995,000	995,000	995,000	995,000	1,040,000

参考事項	1	2	3	4	5	6	7	8	9	10	11	12	13	14	15
売上高	15,000		10,000	3,000	20,000	15,000	18,000		2,000	35,000	90,000	7,500	13,000	9,000	20,000
仕入高					50,000						150,000				50,000

月資金繰り表

（単位：円）

16	17	18	19	20	21	22	23	24	25	26	27	28	29	30	31	合計
火	水	木	金	土	日	月	火	水	木	金	土	日	月	火	水	
1,040,000	1,040,000	1,040,000	1,040,000	1,013,000	1,013,000	1,013,000	993,000	993,000	993,000	1,363,000	1,363,000	1,363,000	1,363,000	1,363,000	1,363,000	
									500,000							**500,000**
									30,000							**105,000**
			3,000													**18,000**
			3,000						530,000							**623,000**
			30,000												300,000	**380,000**
															30,000	**30,000**
									80,000							**80,000**
						20,000										**20,000**
									50,000							**50,000**
			30,000			20,000			130,000						330,000	**560,000**
			-27,000			-20,000			400,000						-330,000	**63,000**
									30,000							**30,000**
									30,000							**30,000**
1,040,000	1,040,000	1,040,000	1,013,000	1,013,000	1,013,000	993,000	993,000	993,000	1,363,000	1,363,000	1,363,000	1,363,000	1,363,000	1,363,000	1,033,000	

16	17	18	19	20	21	22	23	24	25	26	27	28	29	30	31	
30,000		25,000	8,000	30,000	3,000	3,500	5,000	5,000	55,000	25,000	35,000	20,000	15,000	70,000	35,000	**622,000**
			30,000						50,000					50,000		**380,000**

そのため、資金繰りが楽になるように入金と出金のサイクルに着目して改善していく必要があります。

Point

資金ショートを避けるため、入金サイクルを短くしましょう

STEP

7

ファンに愛され、売れ続けるコツ

71 「共感」が熱烈なファンを生み出す

お客さんに商品を買っていただき長く続くショップになるためには、自分が提供する商品やショップに対して、信頼や愛着を持つ「ファン」になってもらうことが重要です。

私は、お客さんにファンになってもらうためには、「共感」が欠かせないと考えています。

共感とは、お客さんと感情を共有することです。

お客さんのショップに対する共感には、いろいろあるでしょう。共感してもらうためのポイントの1つは、**お客さんが抱えるなんらかの課題を解決する**ことです。

私のショップであれば、「もっと気軽にワインを楽しみたい」「手軽においしいワインが飲みたい」というお客さんの課題を解決していますし、自然食品を扱うショップであれば、「健康的なものを食べたい」「元気でいたい」という課題を解決しています。

お客さんは、課題を解決してくれたショップに対して、「役立った」「ためになった」「自分によくしてくれた」と感謝するとともに共感を覚えてくれます。

また、「楽しい時間を共有できる」のも1つの共感です。

自分の好きな商品がそろっていると、「商品を選ぶ楽しみ」が得られます。そして、実際に購入して、手にとって楽しむこともできます。

そんな“楽しい買い物体験”を提供してくれるショップに、お客さんは共感を覚えるはずです。

私のショップでは、エコロジーの観点からワインのコルクをリサイクルするプロジェクトに協賛しています。

社会に貢献する活動に興味や関心のあるお客さんは多いようで、私が思った以上に、ショップの姿勢に共感していただいています。

商品にまつわるストーリーを読み、感動することも共感の一種です。

このようにショップとお客さんの共感を生み出す要素はたくさんあります。1つだけでなく、いくつも積み重ねていくことで、多くの共感を生み出してファンになってもらえるのです。

Point

お客さんとの共感ポイントを積み重ねてショップのファンになってもらいましょう

72 感動を与えるためにやるべき2つのこと

ショップ運営において「顧客満足度」を高めることは大切ですが、お客さんの期待を超えた「喜び」や「感動」を与えることで、ショップの“熱烈なファン”になってもらうことが大事です。

お客さんに感動を与えるためにできることは2つあります。

1つは「商品価値の最大化」です。

商品価値の最大化とは、商品の魅力をあらゆる角度から伝えて、「この商品を購入してよかった」と満足していただくということ。なぜなら、**どれだけよい商品でも、売り方が悪いとお客さんの満足度が半減するからです。**

ただ単に商品のスペックを説明するだけでは、お客さんは感動してくれません。

55ページでもお伝えしましたが、スペックに加えて、商品にまつわるリアルなエピソードを伝えるためにストーリーをつくり、お客さんの感情を揺さぶらなければならないのです。

ストーリーの内容は、生産者の背景や開発秘話などでもいいですし、実際に商品を使って悩みが解決できた人の体験談などでもいいです。

「人は感情でものを買い、論理で正当化する」といわれます。それだけ感情に訴えかけることは大事なのです。

お客さんに感動を与えるためにできることの2つ目は、「最高の購入体験」です。

商品価値の最大化が「この商品を購入してよかった」という感動であるとしたら、最高の購入体験とは「この店で買い物をしてよかった」という感動です。

購入体験で感動していただくために、できることはたくさんあります。

オリジナルの梱包資材を使ったり、手書きのメッセージを添えたりするのもいいでしょう。サプライズでお試し商品などを同梱するのも効果があるはずです。

また、お客さんが、届いた商品を開ける瞬間だけでなく、商品が届く前の段階でも「最高の購入体験」のためにできることは数多くあります。

期間限定の商品を販売したり、日にちを区切って安くしたりすることもできるでしょう。初回に限り、通常の半額で購入できるなども効果的です。

私はいつも「お客さんの買い物を正当化してあげたい」と思っています。

マーケティングの世界に「バイヤーズリモース」という言葉があります。

これは買い物をした直後に感じる“深い後悔（リモース）”です。「商品に不満があるから返品したい」という感情ではなく、「自分の選択・判断は正しかったのだろうか」と不安になることからくる感情です。

人は買い物をした瞬間、ネットショップであればクリックして決済した瞬間が最も満足度が高い傾向があります。

その後に湧いてくる「本当に買ってよかったのかな？」という気持ちが、バイヤーズリモースなのです。

このバイヤーズリモースには、商品のよしあしは関係ありません。

だからこそ、商品価値の最大化をしつつ、最高の購入体験でお客さんに感動してもらい、後悔させないようにしていかなければならないのです。

商品価値を最大化して、最高の購入体験で感動してもらえれば、「あれだけいい商品が、あの値段で買えたのだから、いい買い物だった」「今しかない限定品が手に入った」といったバイヤーズリモースをくつがえす理由をいくつも提供することができるのです。

Point

「この商品を購入してよかった」と「この店で買い物をしてよかった」を両立させましょう

73 ストーリーづくりのヒントはこうして得る

商品ページのストーリーをつくろうとしても、「ネタが浮かばない」「どんな話にしたらいいかわからない」と相談されることがよくあります。

私の場合、まずはメーカーが提供しているワイナリーや商品の情報を参考にします。そして、自分なりに疑問に思うことや、知りたいと思うことを調べて、ネタをふくらませていきます。

また、ワイン専門誌に目を通すと、さまざまなヒントを得ることができます。私は『ワイン王国』（隔月刊）と『ワイナート』（季刊）を定期購読しており、『リアルワインガイド』（季刊）などのワイン雑誌も必要に応じて購入しています。

また、国内で発行されているものはもちろんですが、海外のワインの専門誌やレビューサイトもよく見ています。参考までに、よく見ているサイトは次の通りです。

- **WINEENTHUSIAST** https://www.wineenthusiast.com/（無料）
- **The Wine Advocate** https://www.robertparker.com（有料）
- **Wine Spectator** https://www.winespectator.com/（有料）
- **JSWINE RATINGS** https://www.jamessuckling.com/（有料）
- **JEB DUNNUCK** https://jebdunnuck.com/（有料）
- **VINOUS** https://vinous.com/（有料）

こうして自分が扱う商品について幅広い情報に触れるように心がけていると、ストーリーづくりのヒントになるだけでなく、新たな商品に出合うことも少なくありません。

ただし、こうした情報を参考にしてストーリーを作成するときは、掲載されている文章をそのままコピペしてサイトに掲載するのは、絶対に避けてください。無断で利用するのは著作権の侵害にあたり、法律に違反します。

情報をそのまま使用する場合は、その部分を「」などで括(くく)り、情報元を出典として記載する必要があります。

知り得た情報はあくまでも参考にとどめて、自分なりに書いていくのがいちばんでしょう。

また、ストーリーの長さは、どれくらいがいいのかとよく聞かれます。

「長すぎるとお客さんが読まないのでは？」と、多くの人は考えるからです。

しかし、伝えたいことがあるのなら長くても構わないと私は考えています。

ストーリーが短い場合と長い場合、両方のデータを確認していますが、私の知る限りストーリーが長いからといって、売り上げが下がった例はありません。

Point

自分が扱う商品の専門誌やサイトから情報を仕入れて自分なりのストーリーに落とし込みましょう

74 秒で決めたい人・じっくり決めたい人、両者への対処法

私はお客さんが購入を決めるときには、2つのパターンがあると考えています。

1つは、ざっと確認したら数秒で決断する。もう1つは、じっくりと商品を確認して、納得してから決める。

商品の説明やストーリーは、この両極端な2つのタイプのお客さんに対応する必要があります。

「秒で決めたい人」「じっくり決めたい人」、つまり「せっかちなお客さん」と「分析的なお客さん」の両方に納得してもらうためには、工夫が必要です。

その工夫には「ダブル・リーダーシップ・パス」（2タイプの読み手に対する経路）と呼ばれる方法があります。

せっかちなお客さんがサイトを訪れて見るポイントは、ほとんどの場合、「ヘッドライン」「サブヘッド」「写真キャプション」に限られます。

そんなせっかちなお客さんに対応するには、本文の大事な部分を太字で強調して、その部分だけで要点を伝えて惹きつける必要があります。

分析的なお客さんに対しても、せっかちなお客さんに対するポイントをベースにしつつ、読み手への目印となる強調部分以外にも詳しい説明を書きます。

では、私のショップで具体的にどうやって商品を説明しているのかをお伝えします。

文字数

基本フォーマット＝400～800文字（平均600文字）

▼

600文字×２スペースの場合もあります

構成

１つ目のセクションで、「商品のスペック」を伝えます

ワインの特徴を簡単にわかりやすくまとめたものと「ボディ」「味わい」「原産国」「ワインのタイプ」などは、ひと目でわかりやすく表示します

２つ目のセクションで、「ストーリー」を伝えます

タイトルで、内容を要約した上で、文章部分にも大切なところにはハイライト ハイライトの部分だけ読んでもわかるようにしています

私が最も気を使っているのが、とにかく読みやすく、わかりやすくすること。難しい言葉を避け、１つひとつの文章を短くして、サッと読めるように心がけています。

また、次に大切なのが、タイトルと画像です。

タイトルには、「送料無料」や「カリフォルニアらしさ」など、興味を引くワードを盛り込みます。

凝った画像を用意する必要はありませんが、明るく鮮明で、商品がキレイに写っている必要があります。

また、私は文章のプロではないので、文法的に正しいかどうかということより、語りかけるような口調で親しみやすさを重視しています。

そして何よりも、自分が扱う商品に対する気持ち（熱量）を全力で文章に込めることを大事にしています。

しあわせワイン倶楽部の商品ストーリー例

2022年シャルドネおすすめ第1位！ナパに拠点を構える数々のシンデレラワインを手掛ける醸造家のお値打ちワイン

アデュレーションはナパのお値打ちワインとして有名なカモミのイタリア人醸造家ダリオ・デ・コンティが経営するワイナリーです。

14歳からワイン醸造に携わり醸造学の博士号を持つワインメーカーのダリオは多くのワインを手掛け、素晴らしい評価を獲得しています。

その筆頭の一つが**シンデレラワインとして無名のワインから大統領主催のランチミーティングに使用されたブレッド&バター**があります。

本拠地ナパヴァレーの生産者を中心に、カリフォルニア各地の良質な生産者から葡萄を購入しワイン造りを行っております。最先端の醸造所で年間100万ケースものワインの瓶詰めを行い、コストパフォーマンスに優れた低価格帯のワインからプレミアムワインまで市場に適した商品を数多く生み出しております。

良質なワインへのこだわりと、イタリア人にとって何より大事な食文化への情熱が込められ、大胆で豊かなその味わいに表現されています。

飲めばわかるコスパに優れたその味わい

ダリオ氏の造るワインは気難しくなく、毎日楽しく飲めるようにとカリフォルニアでありながらイタリアのワイン文化を感じる、陽気なワインです。

アデュレーションはメディアや評価雑誌への露出は少ないものの**リアルワインガイドにてシャルドネが2019年旨安ワインに選出**されています。

リアルワインガイドでは「樽の風味もパリッと効いている。っていうかけっこう樽強め。こういう酸っぱくない、飲みやすい白ワインが広まる事は大切。1000円ちょっとですもの、大合格なシャルドネでしょう。」と**アデュレーションの個性がしっかりと評価**されています。

カリフォルニアを代表する葡萄栽培家からワイナリーへ飛躍した造り手

タリーはシャルドネとピノノワールの適した屈指の土地として知られているサンルイスオビスポ内のアロヨグランデに位置する**カリフォルニアを代表する葡萄栽培家兼ワイナリー**です。

家族３代にわたる家族経営で、1970年代からはその範囲を広げ、隣接するエドナヴァレーやサンタバーバラでもぶどう栽培も開始。その品質の高さから **カレラやオー・ボン・クリマといった著名ワイナリーにもぶどうを提供**し始めました。

そして他の造り手からも評価される素晴らしい葡萄を武器に1986年よりワイン造りを始めました。そのワインはすぐに陽の目を浴びる事になります。

葡萄を供給していたオーボンクリマのジム・クレンデネンがタリーが持つ最高峰の畑ローズマリー・ヴィンヤードの葡萄を使った93年ヴィンテージで自身の過去最高得点に並ぶ93点を獲得し、ロバート・パーカーより **「ブルゴーニュ人さえも背筋が凍るような素晴らしい出来栄え」** と賛辞を受けると、自身のタリーのワイナリーが手掛けるワインでもローズマリー・シャルドネ93年が93点の高得点を獲得します。

米仏ブラインド対決、パリスの審判リターンマッチ米国優勝の快挙達成

さらに1997年には現在も破られていない**セントラルコースト産ピノノワール最高得点にならぶ98点を獲得**しました。

これはカリフォルニアのロマネコンティと形容されるカレラのワインのセレックとカリフォルニアを代表する屈指の銘醸畑ピゾーニの元詰めワインに並ぶ最高得点となりました。

この素晴らしい評価ここだけに留まりませんでした。

ワインの世界地図と塗り替えたと言われる米仏ブラインドテイスティング、パリスの審判の2006年に開催されたリターンマッチにて**ローズマリー・シャルドネがカリフォルニア州部門にて優勝**。フランスと合わせた全シャルドネでも2位となる快挙を達成しました。

人が「好きなもの」に対して持つ熱量は、文章からでも必ず伝わるはずなのです。

Point

情熱を込めて自分の好きな商品のよさを伝えていきましょう

75 商品のメリットだけでなく「ベネフィット」も伝える

商品価値を最大化するときに、ストーリーをつくるのはもちろん、商品のメリット（商品の利点や長所）だけでなく、ベネフィット（商品によって得られる恩恵）を伝えることも重要なポイントです。

たとえば、ドライバー（ネジ回し）を買いにきたお客さんは、ただ単にネジを締めたいと思っているわけではありません。

ネジを締めたあとで得られる何か、たとえば「ドアがしっかり固定される」とか「イスがグラグラしなくなる」ことを求めて買うわけです。

商品を買って得られるこの恩恵こそが、ベネフィットなのです。

「カビ取り剤」「食器洗浄機」のような実用品にも、必ずベネフィットが備わっています。カビ取り剤であれば、薬剤をかけるだけでカビを根こそぎ退治できるので、ゴシゴシこするなどの手間がなくなり、掃除がラクになるというベネフィットを得られます。

さらにいえば、掃除の時間が短くなることで、自由時間が増えるというベネフィットも得られるでしょう。

食器洗浄機も同様に、ゴシゴシと手洗いしなくてすむので手間が省けますし、洗剤を使わないから、手が荒れないとか夫婦で会話をする時間が増えるといったベネフィットも得られます。

私のショップの場合、お客さんは単にカリフォルニアワインが飲みたいわけではないと思っています。

お客さんが意識しているか、意識していないかにかかわらず、潜在的な欲求としては、「食卓を華やかにしたい」「料理をよりおいしく食べたい」「ワインを飲んでリラックスしたい」「食事の時間を充実させたい」「ストレスを解消したい」といった気持ちがあるはずなのです。その先には豊かな人生を過ごすという人間の本質的な喜びがあります。

そこをしっかり理解して、商品の説明に織り込んだり、ベネフィットをイメージさせる画像を載せたりするとお客さんの心に刺さります。

そうはいっても、最初から完璧を目指して商品ページにかかりきりにならなくても大丈夫です。ストーリーもベネフィットも、思いついたらいくらでも、あとから追加や変更をすることができます。

完璧も、ゴールもないと考えて、コツコツと改善していくつもりで続けてください。

Point

商品のメリットとお客さんのベネフィットを商品ページに加えるようにしましょう

76 お客さんに話しかけるように メルマガを書く

私は商品ページと同じくらい、お客さんへのメルマガを大切にしています。

自社サイトのメルマガ登録者数は約6500人、同じく楽天では約8000人、ヤフーショッピングでは2300人です（2023年12月時点）。

メルマガは週2回配信していますが、楽しみにしてくださっているお客さんも多く、メルマガでお知らせした商品が、配信後1時間くらいで売り切れてしまうことも少なくありません。

ただ私は、メルマガを単なる販促ツールにしたくないと考えています。毎回、お客さんの役に立つワインの知識や裏話などを盛り込んでいるのです。

そうした情報を提供するときは、専門用語やわかりにくい言葉をできるだけ使わず、誰が読んでもわかるような表現にすることを心がけています。

ワインに限らず、自分がその業界や商品にどっぷりつかってしまうと、専門用語があたり前に思えることが少なくありません。特にワインの場合、小難しい専門用語を使うことで、高級なイメージを印象づけられるという側面もあります。

でも私は、メルマガを書いたら必ず何度か読み直して、ワインの知識がさほどないお客さんが読んでも「わかりやすい」「興味深い」「面白い」という3点がクリアできているかをチェックしています。

これらをクリアするために、自分の目の前にメルマガを読んでくださるお客さんがいるつもりで、語りかけるような口調をイメージしながら書いているのです。

もちろん、誤字・脱字がないように気をつけています。とはいえ、**文法的に正しくなくても、実際に話し言葉で使われているなら、そのままの言葉を使います**。

なぜなら、そうすることで、気持ちを込めて書くことができますし、私の個性も表すことができるからです。

これにより会ったことのないお客さんであっても親しみを感じてもらい、次の項目でお伝えするように「人の気配」を感じてもらえるということにもつながります。

Point

メルマガはお客さんの顔を思い浮かべながら語りかけるように書くのがコツです

77 商品情報だけでなく「人」を伝える

STEP3（109ページ）で、お客さんとのタッチポイントを大切にすることをお伝えしましたが、ショップのロゴや梱包資材は大切なお客さんとのタッチポイントです。

そうしたお客さんと接するポイントだけでなく、買い物の流れすべてを通して、ショップ運営者である自分の存在を感じてもらえるように、私は心がけています。

人を介さずネット上の手続きで商品の購入が完結してしまう時代だからこそ、多くのお客さんは人との触れ合いや温かみを求めていると思うのです。

また、そうしてショップ運営者の気配を感じるからこそ、ショップのファンになってもらえるのだと思っています。

では、ショップ運営者の存在をお客さんに感じてもらうには、どうしたらいいか？

基本的には、ショップ運営者がどんな人で、どんなことを考え、どんなことを目的にショップを運営しているのかを、販売サイトやお客さんへの同梱物、メルマガなどで伝えていきます。

たとえば、商品とともに同梱する納品書には、商品を梱包した担当者が自分の名前を記した手書きのメッセージをつけています。

そうすることによって、ワインのラベルにラップが巻いてあるのを見るにしても、「この木之下さんが手作業でラッピングしてくれたのかな？」と、担当者の存在を感じてもらえるからです。

私のショップで販売しているワインはすべて私自身がテイスティングして「おいしい」と思ったものばかりですが、お客さんにはご注文いただいた1本1本それぞれにワインの特徴を記した「テイスティングノート」をつけて発送しています。

これもショップ運営者である私の存在を感じてもらえますし、お客さんにとっても役立つ情報なのでとても好評なのです。

こうしたことはワインに限らず、どんな商品でも実践できるでしょう。

ただし、人の温かみを感じさせるだけでは、表現の仕方によっては“熱意の押し売り”のように感じられる可能性も否定できません。

そこで私は「人の気配」と「洗練」を適度に融合させることを目指しています。

たとえば、同梱物などで人の気配を出すなら手書きがいちばんでしょう。でも、多くの情報をすべて手書きにするのは、手間もかかりますし、見た目もあか抜けないイメージになりがちです。

そのため、意識して、手書きと印刷物を組み合わせています。

私は、「好き」を商品にするスモールビジネスほど、人の気配や温かみを感じてもらい、ファンになってもらうべきだと考えています。

効率を優先して、箱に商品と納品書だけが入っているだけでも満足してもらえるのは、商品価格や配送料などでスケールメリットが働く大手ECモー

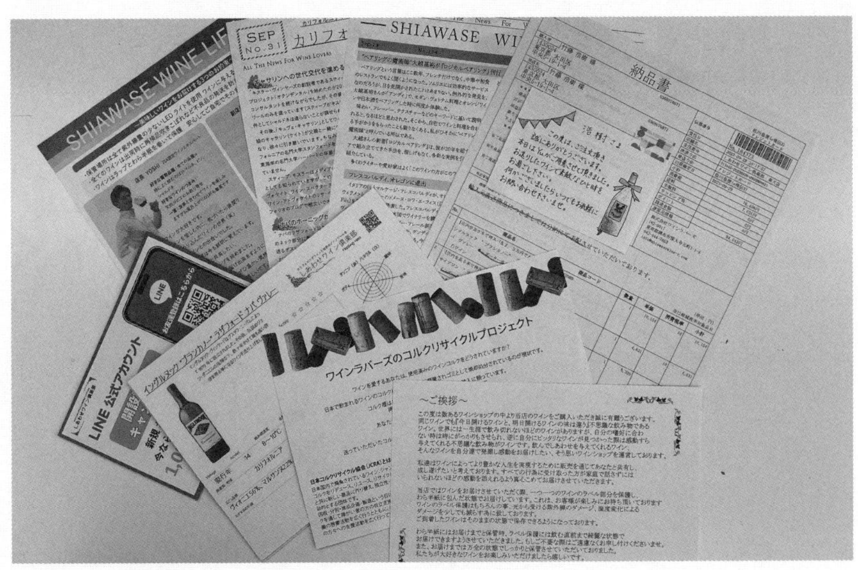

手書きと印刷物を組み合わせたお客さんへのメッセージ

ルだからできるのです。

もちろん、エコロジーの観点から、納品書を同梱しない、同梱物を入れないというポリシーもあるでしょう。そんな場合でも、サイトの自己紹介を充実させるなど、人の気配を感じさせるために、できることはあるはずです。

Point

商品とともにショップ担当者のメッセージを同梱して、お客さんに人の温かみを感じてもらいましょう

78 適度なプライベート話で親近感を持ってもらう

お客さんにショップのファンになってもらうには、しっかりとした信頼関係を築くことが、とても大切です。

お客さんに信頼してもらうには、「お客さんが求める商品がある」「情報が定期的に更新される」など、基本的なショップ運営はもちろん、運営者の人となりを知ってもらうことも大切なポイントになります。

そのため私は、「そもそもなぜショップをはじめたのか」「どんなことを目的にショップを運営しているのか」といったことを、サイトや同梱物などで明らかにしています。

そうした定型的な情報に加えて、ときには「家族で温泉に行ってきま

した」といったプライベートな情報や、クスッと笑ってもらえるようなショップ運営にまつわる“失敗談”もメルマガなどで公開しています。

ショップ運営者としての姿だけではなく、たまにはプライベートなことやちょっとした失敗談を知ってもらうことで、親近感を持ってもらえると考えているからです。

あるとき私はカリフォルニアに出張中、最終日にパスポートを紛失してしまいました。その顛末もメルマガにつづったのです。

さらに、この逆境を逆手にとって、私が日本に帰るまでの2日間、ポイント10倍キャンペーンを行い、さらに応援メッセージをいただいた方には非売品の「カリフォルニアワインがもっと美味しくなる小冊子（全4冊セット）」をプレゼントすることにしたのです。

すると、多くのお客さんに購入してもらっただけでなく、応援メッセージもいただくことができました。

やってしまいました（涙）<(T◇T)>！！！！！
〜〜〜〜〜〜〜〜〜〜〜〜〜〜〜〜〜〜〜〜〜〜〜

な！な！な！ななな！なんとパスポートを紛失してしまいました！

しかも帰国日当日に！　涙！涙！涙！涙！

そのため、私よし、今もカリフォルニアで一人寂しくおります(T△T)（涙異国の地で一人って本当に寂しいのですね。。。。

一人でいるのが寂しすぎ、あなた様にご連絡をしたく
メルマガをお送りさせていただきました。

今僕に起きたことをお話しさせていただきます（涙

いつものカバンにパスポートが無いことに気づき、
サンフランシスコ空港でパスポートを捜索するも見あたらず
半べそをかきながら領事館に行くも戸籍抄本か住民票がないと
臨時の申請も出来ないといわれ、日本時間を確認すると日本は土曜（涙！

領事館も明日から土曜日曜はお休みだから月曜に来なさいと
意外にもこうゆう人が多いのかサバサバと言われてしまい（涙
もちろん予約していた飛行機には乗れず。。。。
すぐにサンフランシスコのホテルを予約して、
くたくたになりながらチェックイン。。。
サンフランシスコの価格・・・高い（涙

地元の薬局（Wallgreens）でパスポート用の写真を撮り、
日本にいる家族に戸籍抄本を取得して領事館に送ってもらうお願いをして
航空券を取り直してなんとか日本時間の火曜夜に帰ることが出来そうです。。。

サンフランシスコってとっても寒いです・・・最高気温も20度いってません！
はぁ～　お味噌汁とご飯と納豆が食べたい。。。。

そこでこんな事をあなた様にお願いするのは
恐縮なのですが少しでも元気をいただければと

只今より僕が帰る明日の火曜夜10時まで

全品ポイント10倍キャンペーンを開催させていただきます！！！

さらに備考欄に何かメッセージをお書きいただいた方には、

（非売品）カリフォルニアワインがもっと美味しくなる小冊子（全4冊セット）を

プレゼントさせていただきます！

ぜひ僕よしに元気をくださいませ（涙！

PS.　非売品のカリフォルニア小冊子は本当に楽しいです＾＾
僕がワインの仕事をする前から知人にもらい
ワインを飲みながら何度も読んでいました。
ぜひあなた様にも読んでいただけたらうれしいです。

しあわせワイン倶楽部のトップに行ってお買い物へGO！

↓ ↓ ↓ ↓ ↓ ↓ ↓ ↓ ↓ ↓ ↓ ↓ ↓

http://www.shiawasewine-c.com/

↑ ↑ ↑ ↑ ↑ ↑ ↑ ↑ ↑ ↑ ↑ ↑ ↑

ただし、ここで気をつけていただきたいのが、プライベートや失敗談を書くときこそ、お客さんの立場に気を配ってほしいということです。

毎回のようにプライベートを公開して、お客さんに関係のない話ばかり続けば、単にプライベート話の押しつけのように感じられてしまいかねませんし、「つまらない！」とファンが離れてしまうことだって考えられます。

お客さんとつながりたいという気持ちが前面に出すぎて、独りよがりになってしまっては本末転倒なのです。

ちょっとしたスパイスだと思って、お客さんが息抜きと感じてくれる程度の分量で、内容もさらっと読み流せるような軽い話にとどめておきましょう。

Point

ショップの話とプライベートの話は「10：1」くらいのバランスでちょうどいい

79 「オマケ」を効果的な販促ツールにするポイント

「ネコの餌を買ったのに、イヌの餌がオマケについてきた」という話を聞いたことがあります。

不要なものが「オマケ」としてついてきた経験から、「オマケってゴミばかり」なんて極端な意見を持ってしまう人さえいます。また、提供するショップ側も、もしかしたら余り物（売れ残り）をオマケにしているケースがあるかもしれません。

でも、お客さんのことを考えた効果的な「オマケ」であれば、ショップのファンになってくれるきっかけになり得ます。

私のショップでは、オマケとして「クリスタルガイザー」というブランドのミネラルウォーターを商品に同梱することがよくあります。

まず、なぜミネラルウォーターをお送りしているのかというと、ワインなどのお酒を飲むときは、アルコールによって体内の水分が排出されやすくなるので、二日酔いにならないためにも、適度に水分を補給することが大切だからです。

「自分たちのお送りするワインを、おいしく飲んでいただきたいから、お水も適宜、飲んでくださいね」というメッセージを込めて、ミネラルウォーターをお送りしているのです。

また、クリスタルガイザーの採水地は、北カリフォルニアのシャスタというところで、私のショップで扱うワインの産地と同じカリフォルニアだということも理由の1つです。

シャスタは広大な自然に恵まれた地で、雪山から流れ出た湧水はクリアで、別名「水の聖地」とも呼ばれています。

このようなことが書かれた紙とともにクリスタルガイザーをオマケとして商品に同梱すると、お客さんにストーリーを楽しんでもらえるとともに、「そこまで気を配ってくれているのか」と温かみを感じてもらえるのです。

オマケとしてクリスタルガイザーを1本送るためのコストは60円ほど。コスパに優れた販促物でもあり、とても資金効率のよいブランディングでもあります。

せっかくオマケをつけるならば、お客さんが購入した商品と関連し、しかも実用性を感じられるものであることがポイントです。

たとえば、メガネを販売しているのであれば、ショップのロゴ入りのメガネふきを、お酒を販売しているのであれば、ちょっとしたおつまみをオマケにするのもいいでしょう。

バッグを販売しているのであれば、バッグの中身が整理できるよう、小さなポーチをオマケにするなど、いくらでも考えられるはずです。

ただし、むやみやたらとオマケをつけても、販促やブランディングに効果的というわけではありません。

207ページで説明したLTV（顧客生涯価値）などを計算したうえで、使える予算を割り出して、その範囲内でお客さんに喜んでいただけるものを考えていきましょう。

Point

オマケは低コストながら実用的で発送する商品に関連するものにしましょう

80 お客さんがお客さんを呼んでくれる口コミ活用法

商品やショップにいただくお客さんの「口コミ」は、リアル店舗で「行列ができている」のと同じくらいのインパクトがあり、ほかのお客さんの来店

や購入の動機になります。

同じ商品でも、口コミが「0」のショップと、口コミが「100」入っているショップがあったら、「100」あるショップで買いたくなるのが消費者心理というものです。

私自身がそうなのです。ネット通販で何かを買おうとするときは、必ず口コミを確認します。それほど第三者の声というのは、説得力があるものだと思っています。

口コミの数と内容は、商品やショップの信頼度を高めてくれるだけでなく、検索されたときに表示される順位にも影響します。ですから、ショップをスタートしたらすぐにでも、口コミは集めるように心がけるべきなのです。

私のショップでは、自社サイトの場合、口コミを投稿してくれたお客さんには1商品につき50ポイント付与し、楽天とヤフーショッピングの場合、次回購入時に利用できる300円の割引クーポンを付与しています。

クーポンの効果は絶大です。クーポンを付与する前はお客さんの口コミは100人に1人程度だったのですが、クーポンを付与することにしたあとは10人に1人が投稿してくれるようになりました。

そうはいっても、ショップをはじめたばかりのころは、口コミがなかなか入らないかもしれません。実際、私も自社サイトをスタートしてしばらくは、商品が売れなかったこともあり、口コミを投稿してもらえませんでした。

商品が売れ出してからは、お客さんの声を集めて「今月のお客さんの声」のように紙に出力して、商品に同梱して発送していました。

どうやってお客さんの声を集めたかというと、最初は友人や知人からです。

自社サイトをスタートしたころは、友人や知人がお祝いを兼ねて購入してくれることがあり、そのときはお礼の連絡とともに、必ず口コミ投稿のお願いをしていました。

知人には「生の声がほかのお客様の参考になるから、内容はなんでもいいので思ったことや感想を書いて」と伝えていました。

「なんでも書いていい」と伝えたことで気がラクだったようで、ずいぶんと多くの「お客さんの声」を集めることができました。

また、メルマガの最後に「今月のお客さんの声」のように掲載するのも効果的です。そうした施策をコツコツと積み重ねていくと、少しずつ口コミが集まるようになっていきます。

なお、2023年10月から景品表示法の新たな告示が施行され、広告であることを隠して商品やサービスの宣伝をする「ステルスマーケティング（ステマ）」の規制がはじまりました。

私のショップでは、楽天のレビュー促進ツール「らくらくーぽん」（https://coupon.greenwich.co.jp/）を使用していますが、自由に書いてもらう前提で、クーポンと引き換えに口コミを書いてもらうことはステマ規制には抵触しないそうです。

「高評価の口コミをお願いします」と誘導したり、口コミの評価に応じてクーポンの内容が変わったりすると法律に違反しますから注意が必要です。

Point

口コミ投稿を増やすため、書いてくれたお客さんにショップのポイントを付与しましょう

81 1年半ごぶさたのお客さんには郵便でダイレクトメールを出す

通販業界では、「お客さんが離脱して2年たつと戻ってこない」といわれます。

たしかに2年もたてば、ショップの存在自体、記憶から消し去られてしまう可能性が高いでしょう。

2年たって忘れられてしまう前に、どうやってショップのことを思い出してもらうか。**私が試してみて思った以上に効果があったのが、郵便でダイレクトメール（DM）を送ることです。**

私のショップでは、「何日ぶりに買ってくださったか」というデータをとっており、1年半が最長という結果が出ています。

そのため、2年ではなく、1年半以内にお客さんになんらかのコンタクトをとって、思い出してもらうようにしています。

お客さんに接触するタイミングとしては、購入後6カ月、1年、1年半の節目に、あえて郵便でDMを出しています。

なぜ、わざわざ郵便で送るのかというと、電子メールがあたり前の時代だからこそ、郵便で届くと人の温かみを感じてもらえるからです。

また、メールボックスに届く電子メールよりも、圧倒的に数が少ないせいか、実は郵便によるDMの開封率はとても高いのです。

さらに成約率も高く、私のショップの場合、DMを送ったお客さんの5人に1人は再び購入してくれています。

また、リピート顧客にお礼をする目的と、離脱したお客さんにショップのことを思い出してもらうため、「暑中見舞い」のハガキを送ったこともあります。

暑中見舞いのハガキも思った以上に反響があり、実験的にやってみた私自身も驚きました。

通販カタログが送られてくるとき、よく同封されている紙のチラシがありますよね。実は、あのチラシも非常に効果が高いそうです。

「今さら郵便？」などと思いがちですが、ほかがやっていないからこそ、試してみると、思った以上に好意的に受けとってもらえるのです。

ただし、いくら効果があるからといって、しょっちゅう郵便を送ると飽きられてしまいます。

私の場合、お客さんの誕生日、暑中見舞い以外は、年末の購買意欲の高い時期に、お得な商品のお知らせを送るくらいで、年に3〜4回までにとどめています。

Point

あえてアナログなDMや暑中見舞いが、けっこう効果を発揮します

82 セールスをするのは“悪いこと”ではない

私のショップでは、週2回のメルマガの配信に加えて、季節のお知らせや

セールの案内、ときにはハガキで暑中見舞いを出すなど、さまざまな手法でお客さんと接触するよう心がけています。

私がこのような話をすると、「あまりしつこくすると、お客さんに嫌がられませんか？」という反応がときどきあります。

でも、ちょっと考えてみてください。多くの人は毎日のように、メールやメルマガが届いているはずです。送ったメルマガをすべて開封して、最初から最後まで読んでいる確率のほうが低いでしょう。

あなただって、届いたメルマガを隅から隅まですべて読んではいませんよね。目にとまったものや、面白そうなものだけ開封しているはずです。

つまり、まずはすべて読まれているという前提を捨てたほうがいいのです。

加えて、本当にお客さんのためになるお得な情報であれば、何度でもお知らせするべきだと考えています。

だからこそ私のショップのメルマガでは、週の前半に送るものには「先週後半のトピックはこちら」、週の後半に送るものには「今週前半のトピックはこちら」と、1回前にお送りした情報にもすぐにリーチできるようにしています。

実際、「先週後半のトピックはこちら」のように、前回の情報から商品が売れることも少なくないのです。

メルマガなどのお知らせは、数回に1回、開封してもらっただけでも、お得な情報がわかるようにしておくのが、お客さんのためなのです。

「しつこくセールスしたくない」と思うのは、自分の提供する商品に自信がないからなのではないかと、私は考えます。

「自分が提案する商品を、お客さんが手にとってくだされば、絶対に幸せになってくれるはず」と信じていれば、積極的にオススメしたくなるはずです。

セールスしたくない理由が、商品に自信がないからなのであれば、まずは本書の最初のステップから、商品の設計をやり直しましょう。

Point

自分が扱う商品に自信があるのであれば、胸を張ってセールスしましょう

83 「行動経済学」を活用してお客さんの心をつかむ

お客さんにファンになってもらい、継続的に来店していただくため、知っておくべき知識の1つに「行動経済学」があります。

行動経済学とは、心理学的なアプローチで人の購買行動を研究するという経済学の比較的新しい領域です。

これまでの経済学では、人は「最大の利益を追求する」といった合理的な行動をする前提で研究が進められてきました。しかし、**人は必ずしも合理的に買い物をしません。**

行動経済学では、直感や感情によって判断をする理由を研究しており、さまざまな理論が生まれています。

そこで、ショップ運営者が知っておくべき行動経済学の理論を8つ紹介しましょう。

❶返報性の法則

人は、相手から何かを受けとったり、よいことをしてもらったりすると「お返しをしないと申し訳ない」と感じます。この心理を「返報性の法則」と呼びます。

私のショップでは、購入者にカリフォルニアのミネラルウォーター「クリスタルガイザー」をオマケとしてプレゼントしているとお伝えしました。

先にもお伝えしたように、お酒を飲む人の健康を気遣うと同時に、実は「タダで水をもらったからお返ししないと」という、返報性の法則がお客さんの心理に働き、次回の購入につながることも期待しています。

❷単純接触効果

人は情報接触頻度が多いものほど興味が湧き、好きになりやすいです。これを「単純接触効果」といいます。

通販でお客さんが離れてしまう最も大きな理由は、単純にショップの存在を忘れてしまうことです。そのため、ショップの存在を忘れられないよう、メルマガを定期的に配信することにより、接触回数を増やしているのです。

❸バンドワゴン効果

「みんな使っている」「タレントのAさんもオススメ」「累計100万本突破」などと聞けば、「そんなに人気があるなら、自分も使ってみたい！」と興味が湧きますし、街で行列のできている飲食店を目にすると「自分も食べてみたい」と思うでしょう。

そのように時流に乗ったり、勝ち馬に乗ろうとしたりと、多くの人が支持しているものに、さらに支持が集まりやすいことを「バンドワゴン効果」といいます。

私のショップでは、「2023年、アメリカで最も売れた赤ワイン」「タレントのBさんがおいしいと絶賛！」など、販売累計本数やメディアで紹介された実績などは必ず説明に加えるようにしています。

各ショップで出している「商品売り上げランキング」も、さらに支持を集めようとするバンドワゴン効果を有効に活用しているといえるでしょう。

④アイヒマン効果

「権威のある人」のいうことに、強い影響を受けるのを「アイヒマン効果」といいます。

人は権威のある人物に強い影響を受けるということですが、私のショップでは「ワイン評価誌で100点をとった」「ソムリエ世界1位となったCさんが絶賛」など、権威のある人物や機関が評価した実績や「最高金賞受賞」「年間1本だけしか選ばれない」「2年連続グルメ大賞受賞」など、コンクールでの受賞歴は必ず掲載しています。

⑤アンカリング効果

最初に与えられた情報がその後の判断や行動に影響を及ぼすことを「アンカリング効果」といいます。人は先に与えられた情報に影響を受けて、その後の意思決定が左右されるのです。

船がアンカー（錨（いかり））をおろしたら、そこからほとんど動けなくなることになぞらえています。

人は判断を下すときに、無意識になんらかの基準を求めます。

そのため私のショップでは、大幅に値引きができる大特価品が入荷したときなどには、「定価5000円が50％オフの2500円」などとしっかりともとの価値を説明し、その価値あるものがお得になっていることを印象づけるようにしています。

❻サンクコスト効果

これまで費やしてきたお金や労力が惜しくて、さらに続けてしまう心理を「サンクコスト効果」といいますが、サンクコストとは日本語では「埋没費用」です。

もうとり戻せないのに、かけた費用や労力を惜しむ気持ちが、意思決定に影響する傾向のことです。

ネット通販では「2000円で送料無料」「商品を5つ買ったらもう1つプレゼント」といった文言がよく見られます。これは、「せっかく1900円分買うのだから、あといくら（いくつ）買って送料無料にしよう」というお客さんの心理を狙ったものといえるでしょう。

❼希少性の原理

なかなか手に入らないものや珍しいものについては、実際の価値よりも高く評価する傾向がありますが、これを「希少性の原理」といいます。

1日10個限定の商品が残り1個などと聞き、つい買ってしまったことはないでしょうか。人は数が少ないものや入手困難なものに価値を感じるのです。

私のショップでは、「限定3本入荷」「日本にたった12本しか入ってこなかったワイン」「300本しかつくられなかった幻のワイン」「通常では仕入れることができないワインが、5年の交渉によりついに10本のみ入荷」など、希少性がある商品については、しっかりとアピールします。

❽プロスペクト理論

利益（値下げ）と損失（値上げ）が同額なら、利益の喜びを「1」としたとき損失の悔しさは「2」に感じる。これを「プロスペクト理論」といいます。

人にはプロスペクト（見込み、見通し）を、自分に都合よくゆがめてしまう傾向があります。

たとえば、宝くじにあたる確率が限りなくゼロに近くても、「買わないとあたらない」などと言い訳をして買ってしまう人が大勢います。

また、人は損失を避けようとする習性があり、損失を被っている人は、リスクを積極的にとりやすい傾向もあります。つまり、失うことの悔しさを避けようとして、購入することも少なくないのです。

たとえば、「期間限定セール終了まであと３日」「在庫10本限りの限定価格」など限定的でお得なものは、見過ごすと「損をした」と感じやすいです。そのため私のショップでは、そのとき限りのお得な情報などは、しっかりと告知してお客さんが見逃すことがないように配慮しています。

Point

人間の心理を突いた販促方法を試してみましょう

84 クレームは改善への大きなチャンス

お客さんからのクレームは、当然ないほうがいいですよね。

しかし、そうはいってもショップを運営していれば、ミスすることもあるでしょうし、トラブルが発生してお客さんに迷惑をかけてしまうこともあるでしょう。

そんなとき、どんな姿勢で対応するかによって、お客さんが離れてしまうか、逆にファンになってくれるかが分かれます。

私のショップで以前、「商品を取り寄せてから2日で配送できます」と表記したところ、「オーダーしてから2日で商品が手元に届く」と勘違いしたお客さんから、「大事な日にワインが届かなかった」というクレームを寄せられたことがありました。

こんなときは、たとえショップに正当性があるとしても、まずはお客さんのいいぶんにしっかりと耳を傾けることが大切です。

「自分に非がない」「間違っていない」としても、いったんのみ込んで、お客さんの話を聞くのです。

ひたすら話を聞いて謝れば、その場が丸く収まるといいたいわけではありません。

どれだけお客さんが商品の到着を楽しみにしていたか、そして楽しみにしていたからこそ、届かなくてガッカリしたかという、お客さんの気持ちに寄り添ってほしいのです。

「お客様がおっしゃっているのはこういうことでしょうか？」と、話を聞きながらクレームの意図をきちんと把握していくことも大事です。

そうして話を聞いた結果、最終的に大事な日にワインが届かなかったお客さんが、私たちの誠意を尽くした対応に納得していただいたうえに、追加でワインを購入してくださったのです。

また、お客さんのクレームがあったおかげで、紛らわしい表記に気づくことができ、わかりやすい表記に改善することができました。

ショップにとっていちばん怖いのはクレームではなく、不満を抱えたお客さんが、何もいわずに黙って離れてしまうことです。

わざわざクレームをくださるのは、単なる怒りだけではなく、私たちへの期待があり、まだお付き合いを続けたいと思ってくださっているということでもあると思うのです。

そもそもクレームが寄せられるのは、何かを改善するチャンスです。

「文句をつけられた」と迷惑がるのではなく、やはりお客さんのいいぶんに耳を傾けましょう。

ただし、ときには個人的な意見をクレームのように伝えてくるお客さんもいます。

お客さんの話を聞いて、明らかに自分たちに非があるときはすぐに改善に動きますが、判断できないときは「こういうことが、次にまたあったら改善しよう」と保留にすることもあります。

また、いくらクレームが改善のチャンスだからといって、積極的にクレームを受けようとしているわけでもありません。

クレームはつけるほうも、受けるほうも時間と体力、精神を消耗しますから、私のショップでは電話番号を「特定商取引法に基づく表記」の部分以外には掲載していません。

ただ、お客さんの意見をちょうだいできる貴重な機会ですので、サイトの「お問い合わせ」ページにはメールフォームを載せています。

そして、そもそも商品ページを見ただけではわからないということがないように、常に改善を繰り返して、お客さんが知りたいと思う、あらゆる点を誤解のないように掲載するよう心がけています。

Point

クレームが寄せられたら「改善のチャンス」だと思って、まずはお客さんの意見に耳を傾けましょう

STEP

8

売り上げを大きく伸ばすサイトのつくり方

85 「入口商品」にはオススメ商品をセットで表示する

リアル店舗であれば、お客さんに来店して買い物を楽しんでもらうため、オシャレなディスプレイで店頭を飾ったり、商品をよく見せるような陳列にしたりしますよね。

同じようにネットショップでも、サイトを訪問したお客さんに買い物を楽しんでもらうために、できることはたくさんあります。

そこでSTEP８では、売り上げを大きく伸ばすサイトに変えるためのポイントをお伝えしていきましょう。

まず、どんな商品を扱っていても、やるべきことがあります。それは「入口商品」のページには、必ず類似のオススメ商品をセットで表示することです。

このように、ある商品の購入を検討しているお客さんに対し、別の商品をすすめる手法は「クロスセル」（併売）といいます。複数の商品を併売することによって、お客さん１人あたりの購入額を増やそうという施策です。

アマゾンで買い物をすると、「よく一緒に購入されている商品」「この商品に関連する商品」などのオススメ商品や人気商品が表示されますよね。

買う気はなかったのに、ついそれらもチェックして購入してしまった経験がある人も少なくないはずです。

私のショップの商品ページでも、「よく一緒に購入されている商品」として、類似の商品を３点提案しています。

そうして「入口商品」とともに、あわせ買いをしてもらえれば、低コスト

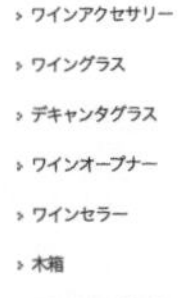

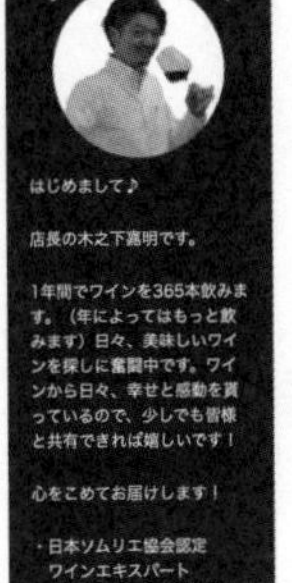

「※こちらもオススメです！」と類似品を必ず紹介しています

で客単価をアップすることができます。

類似品を1つだけ表示するのであれば価格帯が近いもの、いくつか表示できるなら価格帯が近いもの以外にも、少し高額な商品を表示するといいでしょう。

ただしSTEP５（176ページ）で、提案するのは多すぎても少なすぎてもダメな「ジャムの法則」をお伝えしたように、あれもこれもと欲張って数多く表示すると、お客さんは決断できなくなってしまいます。

提案するものは、いったん点数を決めて絞り込みましょう。そして、テストを繰り返し、反応のよい数を見つけていくといいです。

こうして類似品を提案するのは、客単価アップにつながる以外にも、

ショップ内でのお客さんの回遊性を高めるという利点があります。

ショップ内をあれこれと見てまわってもらい、滞在時間が長くなればなるほど、お客さんはショップに対して親しみを感じ、商品を購入する確率が高まるのです。

Point

よく一緒に購入される商品や関連する商品を表示して併売効果を狙いましょう

86 ほしい商品までのクリック数を減らす

せっかく販売サイトにアクセスしてもらったのに、目的の商品がなかなか見つからないと、お客さんがイラついて離脱してしまう可能性が高まります。

販売サイトはとにかくわかりやすく、目的の商品を見つけるまでに手間も時間もかからないように設計しなければなりません。

私のショップでは、赤ワイン、白ワイン、オーガニックワインなどの「タイプ別」、カベルネ・ソーヴィニヨン、シラーなどの「ブドウの品種別」だけでなく、ナパ、ソノマなど「ブドウの産地別」、1000〜1999円、2000〜2999円などの「価格別」で、目的のワインを探せるようにしています。

さらに、こうした検索項目以外にも、「5秒で虜にさせられるワイン」「わ

トップページに各種の「SEARCH」（まとめて検索）機能や興味を引くカテゴリー（画像タブ）をつけてお客さんが目当ての商品を探しやすくしています

けありワイン」「いろいろ試せるワインセット」など、お客さんの興味を引くようなカテゴリーをつくって、楽しみながら商品を探してもらえるような選択肢を設けています。

さらにネット通販のお客さんは、「商品購入までのクリック数が増えるほど購買率が下がる」とデータで実証されているので、**可能な限りクリック数を少なく、目当ての商品にたどり着けるようにしなければいけません。**

たとえば、商品入荷のお知らせのとき、

❶「○○入荷」をクリック ▶ ❷商品がいくつか表示され、目当ての商品をクリック ▶ ❸該当商品の紹介ページに移り、購入

というステップではなく、

❶「○○入荷」をクリック ▶ ❷該当商品の紹介ページに移り、購入

とすれば、お客さんがクリックする負担が1段階減ります。

私のサイトでも「お知らせ」した商品は、可能な限りその商品に直接飛ぶように設計しています。

また、商品を探す場合だけでなく、決済をどれだけ簡単にできるかも大切なポイントです。

お客さんが一度、配送先の住所を入力したら、2回目からは名前や電話番号でアドレスを呼び出せるようにするのはもちろん、簡単に決済できる方法も、随時採用していくべきでしょう。

最近では「アマゾンペイ」という、アマゾンアカウントに登録された住所や支払い情報を使った決済サービスをとり入れるサイトが増えています。

アマゾンペイを使うと、支払いの段階で「アマゾンアカウントで支払う」をクリックすると、自動的にアマゾンの個人アカウントにログインするので、住所や支払い情報を確認するだけのわずか数クリックで決済が完了します。

大勢いるアマゾンのユーザーにとっては、はじめて訪問したほかのサイトでも、配送先の情報を入力する手間がかからず簡単に決済できるため、アマゾンペイがオンラインショッピングの決済手段として急速に広まっているのです。

もしかしたら、今後、さらに便利な決済方法が生まれるかもしれません。そうした情報には注意を払い、お客さんの手間を省き、買い物にストレスを感じないようなサイトにしていきましょう。

Point

アクセスのしやすさも決済手段もお客さんの手間と時間を可能な限り省きましょう

87 販売サイトに“賑わい感”をつくる

街を歩いていて目にしたリアル店舗に行列ができていたりすると、「あ、このお店は人気があるんだな」と誰もが思うでしょう。

ネットショップでも、同じように“賑わい感”を演出して、多くのお客さんが訪れているように感じてもらう工夫が必要です。

賑わい感を出すために、まずできるのが「新着情報」の更新です。新しい情報が次々と更新されていると、なんとなく賑やかに感じられますし、「売れているのだろう」とサイトに訪れた人は無意識に思います。

また、週間でも月間でもいいので、「ランキング」を作成して、定期的にアップデートするのも効果的です。

1時間ごとの売り上げランキングであれば、より「今、売れている」という臨場感を感じてもらえるでしょう。

商品ページに口コミをいくつか表示させるのも賑わい感につながりますし、「現在の注文状況」をリストにして出すのもいいでしょう。

販売サイトのトップページの新着（新商品入荷）情報やランキングを随時更新することでサイトの賑わい感がアップします

この商品のレビュー

ぷう 50代 女性 2023/11/07 10:32:17

これは間違いない！軽い濃厚さ。絶妙で好みにピッタリです。

ゆうかさん 30代 女性 2023/10/06 23:13:57

Butterを冠するにふさわしい味わい

普段はフレッシュでフルーティなシャルドネを好みますが、樽感とリッチな濃厚バター味を感じてみたくて購入しました。
名前の通りバターの風味を感じます。
また、オークの香りがふんだんに感じられ、そのほかバニラやクリーム、洋ナシ、バナナ、キャラメル、チーズ、アーモンド、油、クレームブリュレの風味が感じられます。
口当たりまろやかでこれだけで楽しめる一本です。

tiger 60代以上 男性 2023/02/14 07:47:37

バター風味の余韻が凄い

2020年でまだ、若いワインなのに全体的まろやかなまとまりがあり、後から来るバター風味の余韻が素晴らしい
本当に美味しいワインです。

商品ページにその商品の口コミを掲載することも「賑わい感」につながります

実は、こうした賑わい感の演出は、ツールを導入することで、ボタン1つでアップデートが可能です。
「現在の注文状況」「新着商品表示」「好評レビュー表示」など、使用目的別のツールをいくつか紹介しましょう。

ECプラットフォームの自社サイトでの賑わい感をつくるために、それぞれ追加アプリという形で販売に役立つさまざまなツールが用意されています。

そのなかでも「ECステーション」がイチ押しです。

● **ECステーション**　https://www.intecrece.co.jp/ec/index.html

「ECステーション」は、リアルタイムの注文状況や売れたものを表示する機能が充実しています。また、売り上げランキングを速報・週間・月間などで、自動で更新します。

さらにはHTMLでのメルマガを簡単に作成したり、フォローメールを送ったりすることもできるので、とても使い勝手のいいツールです。

アマゾンや楽天など大手ECモールに出店するなら、次の2つがオススメです。

● **モールアシスト**　https://homeatlast.co.jp/mallassist/

デザイン性が高く、HTMLの知識がなくても更新が簡単です。ひと通りの賑わいツールを網羅している割には、価格もお手頃です。

● **EC-UP** https://ec-up.jp/

私がスマホページに特化したサイトで利用しているツールです。最初に設定するだけで、あとはすべて自動で生成、更新する手間がかかりません。AI機能搭載で類似商品などを自動で提案し、さらに商品ページを随時、自動更新します。

私のサイトでは、「好評レビュー表示」や、大手ECモールなどの売り上げランキングに入ったときのキャプチャーを撮れるツールも使っています。

● **楽ラク番付速報** https://service.raku2.jp/?page_id=89

ランキングに入っていることを示すキャプチャー画像は、いい販促ツールになりますが、いつ何位になるかわかりません。深夜までランキングをキャプチャーするためだけに待機しているのは面倒だし、やりたくありません。

そんなときに自動的にキャプチャー画像を撮影できる便利なツールです。それだけでなく無料でランキングの入賞情報をまとめてメールで送ってくるので、売れ筋の動向を一覧で把握することができます。

こうしたツールをうまく活用して、ショップの賑わい感を高めていきましょう。

Point

「モールアシスト」「EC-UP」などのツールを使ってショップに賑わい感を出していきましょう

お客さんの来店サイクルに合わせて販売サイトを更新

ネットショップは、「日々動いている」ことをお客さんに示して、賑わい感を演出するのが大切です。

ただ、やみくもに毎日、情報をアップデートするのは労力がかかります。

私は、ショップをスタートして売れ出してから、お客さんの来店サイクルを調べ、それにあわせて更新するようにしていました。

来店サイクルを調べるといっても、難しいことではありません。何人かのお客さんの購入履歴を見ればいいのです。

サイトを公開して最初の1年はほとんど売れなかったのですが、その後、売れるようになってからは10人くらいのお客さんの購入履歴を確認しました。「前回、いつ購入してくれたか」をチェックすると、1カ月前とか2カ月前のお客さんがほとんどで、30日か60日サイクルが多いことがわかりました。

そこで、まずは30日サイクルにターゲットを絞り、1カ月に1回は、お客さんの目に入る部分のサイト情報を、すべて更新するようにしていたのです。

ただし、トップページのバナーは目につきやすい部分なので、週に1度、更新していました。

「更新頻度を上げたほうが、検索で上位表示されるのでは？」と考えるサイト運営者が少なくないのですが、更新頻度は直接SEOの評価には関係ないと私は考えています。

それよりも、商品ページのコンテンツを充実させるほうが、成約率を高めることにつながりますし、「情報がしっかりしたサイト」として認識されて、結果的にSEO的にも効果が高いのです。

また、前述した賑わい感を高めるツールを使えば、自分自身での更新はさほど必要ありません。実際に多くて「月2〜3回更新」というショップが多数を占めています。

Point

お客さんの購入履歴をチェックして更新頻度の目安にしましょう

89 継続的に売り上げを生む「定期販売」と「頒布会」

ショップの運営が安定してきたら、ぜひ継続的に売り上げを生む「定期販売」と「頒布会（はんぷ）」という仕組みを視野に入れておきたいところです。

定期販売は同じ商品を定期的に買ってもらう販売方法で、サプリメントや生鮮食品など、定期的に消費するものが向いているといえます。

頒布会は、ショップがセレクトした毎回違うオススメの商品を定期的に買ってもらう販売方法で、こちらは工夫次第でさまざまな商品で活用できるでしょう。

いずれにしてもサブスクリプション（継続課金）サービスによる定期的な売り上げが見込める販売方法です。

たとえば、ワインで頒布会を行うのであれば、「6月はさっぱりした白ワイン、7月はスパークリング、8月はロゼワイン」のように種類を変えたり、白ワインや赤ワインのカテゴリーで、フランスやドイツなど産地を変えたりすることが考えられます。

実は以前、お客さんから「木之下さんのセレクトでワインを送ってほしい」という要望があり、個別対応したことがあったのですが、多くのお客さん1人ひとりに個別に選ぶとなると時間がかかるため、今は休止しています。

定期販売や頒布会によるお客さんにとってのメリットは、まず「オーダーする手間が省ける」こと。頒布会であれば、「自分が普段は選ばない商品と出合える」「定期的に商品が変わるから飽きない」ことなどもあるでしょう。

途中解約されるケースもあるにせよ、ショップにとっては継続的な売り上げが見込めることがいちばんのメリットだといえます。

定期販売や頒布会の商品で、ある程度のボリュームが見込めれば、仕入れのコストが下がることもメリットです。そのぶん、割引をしたりオマケをつけたりして、お客さんに還元するといいでしょう。

また、たとえば、6カ月更新のサービスであれば、7カ月目に継続してくれたお客さんにはプレゼントをしたり割引をしたりして、継続を後押しすることもできます。

消耗品でなくても、定期的にサービスを提供することはできます。

たとえば、高級バッグやシューズだったら、毎月のメンテナンスを提供する。布団や枕なども、定期的なメンテナンスで睡眠効率が高まるとなれば、「やる価値はある」と思うお客さんがいるでしょう。

また、ドライバー向けのサービスで、保管の場所がない人などのために、春から秋にかけてはスタッドレスタイヤを、冬にはノーマルタイヤを預かってくれるサービスがありますが、ほかの商品でも使わない期間は預かって、その間にメンテナンスをするというサービスも考えられます。

ビジネスには「ストック型」と「フロー型」があるといわれます。

ストック型とは、動画配信サービスやアプリの利用料など、毎月（毎年）継続的に収益を得られるビジネス。一方のフロー型は、コンビニなどのようにそのときどきで収益が発生するビジネスです。

ネットショップは基本的にフロー型のビジネスモデルですが、定期販売や頒布会を実施することによって、より安定的な収入を見込めるストック型のビジネス領域を増やすことができるのです。

Point

定期的に収入を見込めるサブスクリプションサービスをぜひ検討してみましょう

90 「ステップメール」を設定してアフターフォロー

お客さんに商品を購入してもらった後は、フォローアップのメールが大事になります。そのための手段が「ステップメール」と呼ばれるものです。

ステップメールとは、ひと言でいうと複数のメールをあらかじめ設定した順序とタイミングで自動送信するための仕組みです。

たとえば、次のようなアフターフォローをすることができます。

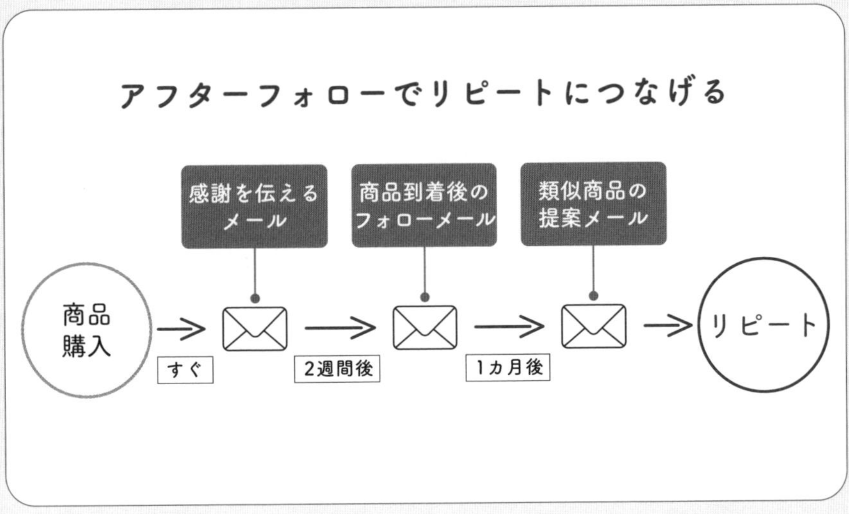

自社サイトであれば、「カラーミーショップ」のレギュラープラン以上に搭載されていますが、「STORES」「Shopify」にはないので有料のサービスを使う必要があるでしょう。「BASE」は自動配信機能を備えておらず、手動で送る必要があります。

私のショップでは受注して出荷のお知らせをメールしたら、その1週間後にレビュー依頼を含むフォローメールを送ります。それとは別にメルマガで類似商品の提案などを送っています。

ステップメールとメルマガには、目的の違いがあります。

ステップメールは目的に合わせた情報を順序立てて伝えますが、メルマガはおもに新商品やキャンペーンの情報をリアルタイムで届けます。

ステップメールのメリットは、送信の手間がかからないこと。購入日を起点として、あらかじめ決めたスケジュールで、それぞれのお客さんに自動配信することができます。

購入してくれたお客さんへのメールとなるため、開封率が高く、次の購入につながりやすいというメリットもあります。

ステップメールは多くの場合、3〜4回までの設定となっているため、次のような周期で送るのがいいと思います。

❶ 購入数日後 ▶ **購入のお礼**
❷ 2週間後 ▶ **商品到着後のフォローメール**
（問題がないかどうか、使い心地などの確認）
❸ 1カ月後 ▶ **類似商品の提案**

ただし、ステップメールは、購入がしばらく途絶えたお客さんなどには送ることができません。そのため、購入後のフォロー以外は、自社でメールやメルマガを送る必要があります。

その後のフォローは、お客さんの購入サイクルに合わせて行うといいでしょう。

Point

メルマガとステップメールを活用して購入後もお客さんとのつながりを持ちましょう

91 レビューを増やすためには メールの「件名」にも気を配る

ショップの"賑わい感"にも欠かせないお客さんのレビューや口コミを増やすためには、細かいことだと思うかもしれませんが、メールの「件名」にも気を配りましょう。

私は以前、商品到着後のフォローのメールの件名に「お買い上げありがとうございました」のようにお礼の文面を入れていました。

ところがあるとき、仕事関連の知人から「件名にクーポンがあることを入れるといいですよ」と教えてもらい、試しにこんな件名で送ってみたのです。

「斎藤様 ご感想お願いします！◆300円OFFクーポンプレゼント中◆」

すると、驚いたことにフォローメールの開封率が大幅にアップし、クーポンを使った購入も格段に増えたのです。クーポンの効果は絶大です。

このときのデータが残っていないので、推定になりますが、それまで5％程度だったメールの開封率が倍増したのです。

「お買い上げありがとうございました」から一歩踏み込んで「ご感想お願いします！」と遠慮せず、ときにはお願いしてみるのも効果的です。

ただし、このように直接、お客さんにお願いできるのは、ショップが提供する商品に満足してもらっていることが大前提となります。

レビューを投稿してほしいからといって、信頼関係も構築されていないのにお願いしても、そっぽを向かれるか、ネガティブなレビューを投稿されてしまうでしょう。

では、お客さんとの信頼関係が構築されているかは、どのようにすればわかるのか？　そのポイントは2段階あります。

まずレビューを投稿してもらえないまでも、繰り返し購入してリピーターになっているか。なっていれば、少しずつ信頼関係を築けていると考えられます。

その後、レビューを投稿してもらい、それが積みあがってきたら、レビューの文面から信頼関係ができているかどうか判断できるようになります。

Point

クーポンを利用してレビューの投稿をお願いしてみましょう

92 「売れ筋商品」を突破口にファンを広げる

ここで売り上げを大きく伸ばすための販売サイトの商品構成について、もう一度、確認しておきましょう。

どんなジャンルのショップでも、「入口商品」は必ず用意すべきですが、「好き」を商品にしたショップでは、入口商品は知名度があるものを最安値で提供することで、売れ筋商品になりやすいです。

また、入口商品以外でも、売れ筋商品が見つかることもあるでしょう。そうした売れ筋が見つかったら、それに関連する商品（類似商品）を増やして、お客さんのニーズに応えることで、ファンが増えていきます。

類似商品を増やしていくとき、必ずやるべきなのは商品ページのアップデートです。

類似商品のよさを探っているときによくあるのが、違う角度から見た売れ筋商品の別のよさに気づくことです。

別のよさが見つかったら面倒くさがらず、関連する売れ筋商品のページもアップデートしていきましょう。

繰り返しお伝えしていますが、商品ページをよくすることは「読むだけで楽しい」という充実したページになるだけでなく、アクセスしてくれたお客さんの成約率も高めてくれます。

お客さんにファンになってもらい、売り上げを大きく伸ばすサイトにするには、必ずやってほしいのです。

Point

入口商品の関連商品を売れ筋に育てるため商品ページのアップデートをしましょう

93 「ウィンドウショッピング」をしてもらえるサイトにする

売り上げを大きく伸ばすには、なにか商品を買わなくても、ぶらぶら見にくるだけで楽しいサイトであることも大切だと思っています。

リアル店舗でいうところのウィンドウショッピングをするだけでも楽しい、つまり訪れるだけでも楽しめるサイトづくりです。

商品を買うつもりがなくても訪れたいショップ、ふらっと立ち寄りたいショップであれば、少なくともショップの存在自体を忘れられる可能性は低くなります。

また、買うつもりがなくサイトに訪れたとしても、あれこれ見てまわって滞在時間が長くなればなるほど、ほしいものが見つかって購入につながるかもしれません。

ウィンドウショッピングをしたくなるサイトにするためには、何度アクセスしてもお客さんを飽きさせない工夫が必要になります。

私のショップでは、お客さんの来店サイクルに合わせて情報を更新するのはもちろん、商品ページにそのワインの歴史やデータ、ワイナリーなどの周辺情報まで掲載しています。

なぜなら、ワインは味を楽しむのはもちろん、ブドウの種類による味の違いや歴史などについて「深い知識を得る喜び」もある嗜好品だからです。

そうしたショップならではの価値を提供することが、お客さんとの継続的なよい関係が築ける一因になっていると思っています。

今なおカリフォルニアの王道スタイルを貫き通す味わい

ブレッド＆バターはアルコール・バイ・ボリュームのポートフォリオの一つです。

アルコール・バイ・ボリュームは**ブルゴーニュのワインなどを押しのけ１番人気になったお値打ちワイン、エイリアスやアヴィエリー**なども手掛け、ソノマのカーネロスAVAとモントレーのアロヨセコAVAに畑を有しています。

それぞれの商品ページで、その商品のストーリーを掲載してウィンドウショッピングするだけでも楽しめる工夫を凝らしています

私はショッピングサイトだけではなく、メルマガも同じように「読むだけで楽しい」ものになることを目指しています。

そのため、メルマガにも商品の提案だけでなく、ワインに関するウンチクを必ず記載しています。

そうやってお客さんと頻繁にコミュニケーションをとることができれば、行動経済学でいうところの「単純接触効果」にもなります。

人は情報への接触頻度が多いものほど好きになるので、ショップに対して好意を抱いていただき、ファンになってもらう大きな力になるのです。

Point

コンテンツを充実させてお客さんのサイトへの訪問回数を増やしましょう

---

94 「LTV」「ROAS」「CPO」で広告費を最大化する

この項目は、ちょっと横文字と数字が多くなるので覚悟してくださいね。

さて、STEP6で「LTV」(顧客生涯価値)を知ることの大切さを伝えました。LTVとは、1人のお客さんが特定のショップで、トータルでどのくらいの金額を使うかという指標でしたね。

自分のショップのLTVを把握することで、攻めに出る必要があるときに、しっかりと広告費などにお金をかけることができるようになり、売り上げを大きく伸ばすサイトをつくることにつながります。

具体的にどういうことか、例をあげて説明しましょう。

たとえば、私のショップのLTVがお客さん1人あたり3万円だとします。

ちなみに私はLTVを購買額ではなく「利益」で見ているため、1人のお客さんを獲得するたびに利益が3万円増えると考えます。

つまり、新規のお客さんを獲得するコストを3万円以下に抑えれば、会社に利益が残ることがわかります。

また、新規のお客さんを獲得するコストが3万円以上かかるのであれば、広告などの販促はやらないという明確な判断ができます。

私のショップは以前、アクセス数に伸び悩んだ時期もあったのですが、それを大きく伸ばすことができたのはLTVに着目して、広告費を最大限に引き上げたからです。

LTVを把握していないショップの多くは、効果的な販促があっても「なんとなく広告費をかけるのは怖い」などと漠然とした判断をして、みすみす売り上げを伸ばす機会を失うことがあるのです。

ただ、いくらLTVを把握しているとはいえ、3万円すべてを広告費につぎ込むわけにはいきません。どのくらい使えるかは、それぞれのショップの体力次第といえます。

なぜなら、LTVが3万円というのは、お客さんが長い時間をかけて購入し続けてくれてはじめて成立する金額だからです。

商品単価にもよりますが、ワインの場合、初回の購入で利益が3万円出るほどたくさん買ってくれるわけではありません。

私がエクセルで管理している数値の一部をご覧ください（次ページ参照）。これは、どれくらい広告費を使えるかを判断するための基準です。

まずは、本書ではじめて登場する「ROAS」と「CPO」について説明しましょう。

先にCPOから説明しますが、CPO（Cost Per Order＝顧客獲得単価）とは、お客さんの購入1回あたりにかかったコストを意味します。

算出するには、広告費を初回注文数で割ります。CPOが1000円であれば、1オーダーを1000円で獲得したことになります。

LTV算出

2年間LTV	限界利益率
5,677円	17%

	人数(人)	人数比率(%)	売り上げ(円)	売上比率(%)	客単価(円)	限界利益率	限界利益(円)
新規	14,653	68%	179,391,413	25%	12,243	17%	2,081
リピーター	6,922	32%	541,037,158	75%	78,162	17%	13,288
合計	21,575	100%	720,428,571	100%	33,392	17%	5,677

LTV＞CPOなら基本的に売り上げも利益も伸び続ける

ただし2年間LTVの回収より先にCPOが出るのでキャッシュフローに注意が必要

なので手堅くいくなら1回だけの注文でも利益を得られるようにする
※もしすべてのお客さんが1回しか買ってくれなかったとしても利益が出るROASまたはCPOを把握

CPOで見たとき

CPO	広告費(円)	売り上げ	限界利益	営業利益	利益率(%)	2年間LTV	最終利益
500	500	12,243	2,081	1,581	13%	5,677	**5,177**
1,000	1,000	12,243	2,081	1,081	9%	5,677	**4,677**
1,500	1,500	12,243	2,081	581	5%	5,677	**4,177**
2,000	2,000	12,243	2,081	81	1%	5,677	**3,677**

ROASで見たとき

ROAS	広告費(円)	売り上げ(円)	限界利益(円)	営業利益(円)	利益率(%)	2年間LTV(円)	最終利益(円)
1000%	1,224	12,243	2,081	857	7%	5,677	**4,453**
800%	1,530	12,243	2,081	551	5%	5,677	**4,147**
670%	1,827	12,243	2,081	254	2%	5,677	**3,850**

購入回数何回目で利益を得るるかを考える(企業の体力によって考え方は大きく変わる)

CPO:顧客獲得単価、CPO1000円なら1注文を1000円で獲得したことになる
ROAS:広告の費用対効果、広告費1000円でROAS100%なら売り上げは1000円

CPO(顧客獲得単価)＝広告費÷初回注文数

ちょっとわかりにくいかもしれないので、私のショップの例で、さらに具体的に見ていきましょう。次の表の太線で囲んだ部分を見てください。

CPOで見たとき

CPO	広告費（円）	売り上げ	限界利益	営業利益	利益率	2年間LTV	最終利益
500	500	12,243	2,081	1,581	13%	5,677	**5,177**
1,000	1,000	12,243	2,081	1,081	9%	5,677	**4,677**
1,500	1,500	12,243	2,081	581	5%	5,677	**4,177**
2,000	2,000	12,243	2,081	81	1%	5,677	**3,677**

CPOが1000円の場合、1オーダーを1000円で獲得したことになります。このとき、新規の売り上げ「12243円」に対して、算出した限界利益は「2081円」です。

この限界利益から広告費1000円を差し引いた営業利益は「1081円」となり、利益率は約「9％」となります。

つまり、1オーダーを獲得するために1000円をかけたとしても、この注文単体で利益は得られていることがわかります。

そして、2年間LTVの「5677円」からCPOの1000円を差し引いても、最終利益は「4677円」となるので、1000円の広告費をかけて2年間で「4677円」の利益を得られる見込みになります。

さて、それでは次にROASについてです。

ROAS（Return On Advertising Spend＝広告の費用対効果）とは、広告を経由した売り上げを、広告にかけた費用で割って算出します。

ROAS（広告の費用対効果） ＝ 広告からの売り上げ ÷ 広告費 × 100（％）

広告からの売り上げが15万円で、広告費が10万円の場合、「15万円÷10万円×100％」でROASは150％となります。

次の表の太線で囲んだ部分を見てください。ROASが「1000%」だとすると、新規客の売り上げは「12243円」なので広告費は「1224円」となります。

ROASで見たとき

ROAS	広告費（円）	売り上げ（円）	限界利益（円）	営業利益（円）	利益率（%）	2年間LTV	最終利益（円）
1000%	1,224	12,243	2,081	857	7%	5,677	**4,453**
800%	1,530	12,243	2,081	551	5%	5,677	**4,147**
670%	1,827	12,243	2,081	254	2%	5,677	**3,850**

新規の売り上げ「12243円」に対して、限界利益「2081円」から広告費「1224円」を差し引いた営業利益は「857円」で、利益率は約「7%」。

この注文単体で、利益は得られているとわかります。さらに2年間LTVの「5677円」から広告費の「1224円」を差し引いても、最終利益が「4453円」となります。

別のいい方をすると、「1224円」の広告費をかけて、2年間で最終利益を「4453円」得られる見込みになるのです。

このように数字をベースにすると「手堅く1回の注文から利益を生み出す」こともできるわけです。

数字がたくさん出てきて、頭が混乱してしまうかもしれませんが、276ページの表を例に、どう考えればよいかをさらにお伝えしましょう。

ここで、新規客の売り上げ平均が「12243円」なので、売り上げに対する限界利益は「2081円」となります。この限界利益を広告費が上まわってしまうと、お客さんの初回注文では赤字になることがわかります。

また、CPOが「2000円」の場合で見ると、限界利益「2081円」から広告費「2000円」を差し引くと営業利益がたった「81円」、利益率は約「1%」

となります。

ここが広告費のギリギリ限界のラインであり、これ以上CPOが高くなると、初回注文では赤字に転落することがわかるのです。

同じようにROASの表で見ると、ROASが「670%」のとき、限界利益から広告費「1827円」を差し引くと、営業利益「254円」、利益率は約「2%」となります。これがROASで見た広告費の限界に近いラインであり、これ以上広告費をかけると初回注文では赤字に転落することがわかります。

そのため、「手堅く1回目の注文から利益を生み出す」なら、CPOは高くても「2000円」まで、ROASは低くても670%である必要があります。

ちなみに「初回の購入から利益を生まなくてもいいから、数回目から利益を出したい」と考えたとしましょう。

その場合は、お客さんの2回目以降の各平均客単価を用いれば、どのタイミングで利益が出るか算出することも可能です。

私のショップではどうしているかというと、新規客の限界利益まで使うと決めています。

新規客の売り上げ平均が「12243円」、限界利益率「17%」、限界利益「2081円」なので、この約2000円までは広告費を使う。つまり、お客さんが購入してくれた1回目の利益は捨ててでも、新規のお客さんを獲得すると決めているのです。

実際の広告費に照らし合わせて、例をあげてみましょう。

のちほど詳しく説明しますが、「リスティング」（検索連動型）広告の費用が、1クリックで20円だとします。

2000円で何回、クリックしてもらえるかというと、「2000÷20＝100回」

になります。

クリック数が100回増えたとして、私のショップの成約率は２％以上あります。つまり、2000円の広告費をかけると、２人の新規顧客を獲得できるという計算になるのです。

もちろん、これは計算上の期待値ですが、計算するときに「客単価」と「成約率」さえ間違えなければ、ほぼ理論通りに新規客を獲得できています。

商品を購入してくれたお客さんへのオマケとしてミネラルウォーターをつけたり、リピート顧客の誕生日にスパークリングワインをプレゼントしたりできるのも、こうしてLTVを把握しているからなのです。

Point

きちんと利益を確保できる範囲を数字で把握して販促プランを練りましょう

95 SEO対策の業者に頼らなくていい

私は起業してから1年半、まったく収入がない期間が続いたとき、つらい毎日を送りました。手元にある現金が減っていき、なまじ数字に強いだけに「あと○日で資金が尽きる」というのがわかって暮らすのは、とてもつらかったです。

そんなどん底の状況で、藁（わら）にもすがる思いから「検索で上位になれば売れるかもしれない」とSEO対策の業者（ネット検索で上位表示させる対策を行う業者）にお金を払って依頼してみたことがありました。

すると、「ワイン通販」の部門では検索トップになったものの、売り上げ増にはまったくつながらなかったのです。

ここまでは前述したことでもありますが、この私の苦い経験から読者のみなさんにお伝えしたいのは、「好き」を商品にしたニッチなショップは、SEO対策の業者に頼って検索順位を上げても、さほど効果はないということです。

もちろん、SEO対策の業者がよくないといいたいわけではありません。

彼らはしっかり「ワイン通販」や「カリフォルニアワイン」などのワードで、「しあわせワイン倶楽部」が検索トップにくるようにしてくれました。

しかし、ニッチな商品を探しているお客さんの多くは「指名買い」です。なんとなく検索して商品を探すのではなく、ワインでいえばブランドや産地名などで検索をします。

そのため、「ワイン通販」や「カリフォルニアワイン」などのワードでいくら検索トップになったとしても、そうしたワードで検索するお客さんの層にはマッチしなかったのです。

検索トップに表示されてショップのトップページにアクセスしても、何をどう選んでいいのかわからず、離脱してしまった人がほとんどだったのです。

「SEO対策の業者に頼らず、自分で検索順位を上げられませんか？」と尋ねられることもあります。

私の考える究極のSEO対策は、商品ページを充実させることに尽きます。小手先のテクニックで検索上位になれたとしても、実際にショップのサイトを訪れて魅力がなければ、いくらお金をかけても意味がないからです。

また、グーグルの検索アルゴリズムは突然、変わることがよくあります。一生懸命、テクニックを用いて検索上位に表示されたとしても、アルゴリズムが変われば、いきなり表示されなくなることもあり得ます。

そんなことに一喜一憂するのではなく、根本的にお客さんがファンになってくれるサイトをつくることがいちばん大切だと思うのです。

もちろん、検索で上位に表示されないよりは、されたほうが優位に立てるでしょう。

でも、今は広告について、もっと潜在的な顧客層に絞り込んで表示したり、検索ワードを限定して表示できたりする技術が充実しています。SEO対策に比べて、多くは費用も安くすみます。

Point

なによりのSEO対策は商品ページを充実させることです

96 「ダイレクトレスポンス広告」で見込み客を増やす

次に「好き」を商品にしたショップが、売り上げを大きく伸ばすために使うべき、広告について説明していきましょう。

まず、おもな広告の出稿先は、グーグルやヤフーなどの検索エンジン、フェイスブックやインスタグラム、X（旧・ツイッター）などのSNSです。

ひと言で「広告」といっても、「イメージ広告」と「ダイレクトレスポンス広告」の大きく2つに分かれます。ネットショップが使うべきは、ダイレクトレスポンス広告のほうです。

多くの人は「広告」というと、テレビのCMやファッション誌の広告で見かけるような、商品や企業のブランド力を高めるための「イメージ広告」を思い浮かべるかもしれません。

たとえば自動車だったら、かっこいい男女のカップルが自動車で海辺を走っているシーンの広告。炭酸飲料だったら、若い男性がスポーツをしたあとに爽快に飲んでいるシーンの広告。商品の宣伝を直接しないのが特徴です。

もしかしたら、「広告を出したけど効果がなかった」という人は、イメージ先行の広告だった可能性があります。

一方で、フェイスブックやインスタグラムは、見込み客から直接反応を得るダイレクトレスポンス広告が主力です。

広告を目にした見込み客に商品の購入をうながすだけでなく、資料やサンプルを請求するなど、商品購入に直接結びつくアクションを起こしてもらうためのものです。

見込み客の反応（レスポンス）が、広告主にダイレクトに数字として伝わり、効果測定や販促に活用できるのが最大の特徴だといえるでしょう。

イメージ広告は、費用がかかるわりに、広告のおかげでどれくらいお客さんが集まったか、どれくらい売れたかといった効果を測定することが難しいです。つまり、予算に余裕がある大企業がやるべきものなのです。

Point

広告を出すなら売り上げ増加に直接つながるダイレクトレスポンス広告が基本です

97 グーグル・ヤフー・フェイスブック広告の特徴

では次に、「好き」を商品にしたショップが活用するべきネット広告（グーグル・ヤフー・フェイスブック）についてお伝えしていきましょう。

❶グーグルとヤフーのリスティング広告

まず、リスティング（検索連動型）広告を出せるグーグルとヤフーの特徴や違いについて説明します。

リスティング広告とは、商品名やブランド名でネット検索した際、検索結果と一緒に関連した広告が表示される検索広告のことです。

検索エンジンであるグーグルやヤフーで、お客さんが特定のキーワードを入力して検索したとき、そのキーワードに関連した広告が、検索結果画面の上部にテキストで表示されます。

リスティング広告以外にも「ディスプレイ広告」という動画や画像とテキストを組み合わせたものや、ユーチューブでの「動画キャンペーン」といった手法もあります。

これらは、どちらかというと販売よりも商品を認知してもらうための側面が強いので「イメージ広告」に近いと考えるほうがいいでしょう。**スタートしたばかりのショップがやるべきなのはリスティング広告です。**

そのため、ここからはリスティング広告に絞って解説していきます。

広告を表示させるターゲットを選定できるリスティング機能は、グーグルとヤフーのどちらにも備わっています。

ユーザーの属性や興味・関心などのほか、住んでいる地域でも絞り込むことができます。

ただし、グーグルは子どもがいるかどうかが設定できるのに対し、ヤフーではできないなど、リスティングする項目がちょっと異なります。

また、グーグルの広告は検索結果画面だけでなく、グーグルマップなどにも掲載され、ヤフーの広告は同じく提携サイトにも掲載されます。

私のショップは、お客さんの年齢層は30代以上が多く、関東圏のお客さんが60%以上を占めています。そのため、関東圏の30代以上に絞ったリスティングで広告を出す設定をすることが多いです。

また「カリフォルニアワインに興味がある人」という条件でも絞り込むことができます。そうして条件を細かく設定すればするほど、広告を見てくれる全体的な人数は減りますが、ターゲットである見込み客の目に触れる確率は高まります。

広告のタイトル文字数はグーグル・ヤフーともに30文字、説明文はグーグルが90文字、ヤフーは80文字となっています。

グーグルのリスティング広告は、閲覧のたびに料金を受けとる「クリック（CPC）課金型」で、ユーザーが広告をクリックしてはじめて広告料が発生する仕組みです。画面に表示されているだけでは、料金はかかりません。

クリック単価は、広告主が決めることはできず、競合の数などの要素によって上下します。**ただし、「入札単価」といって1回のクリックにつき、最大でいくらまでなら払ってもいいかを設定できます。**

広告を掲載するための入札単価やキーワードごとの月間検索数（検索ボリューム）などを調査できるグーグル公式の無料ツール「グーグルキーワードプランナー」を利用すると、「このキーワードの最小クリック単価と最大クリック単価」が表示され、予測のコンバージョン（成約）数も表示されます。

さらにクリック単価を手動で変更することができ、その金額に設定したときの予測コンバージョン数やコンバージョン単価がわかるので、おおよその目安にすることができます。

ヤフーのリスティング広告も、グーグルと同じくクリック課金型です。

ヤフーも入札単価を設定することができますし、管理画面から「キーワードアドバイスツール」という画面に移り、「キーワード、またはフレーズ」の欄に調べたいキーワードを入力すると、推定掲載順位や金額を見ることができます。

グーグル・ヤフーどちらを活用するにしても、まずは最小単価である10円や20円からはじめてみるとよいでしょう。

なぜなら、グーグルにしてもヤフーにしても、推奨単価より低くてもクリックされることが少なくないからです。最小単価でクリックされれば、最も顧客獲得単価を下げることができます。

ただ単価が低いぶん、表示される回数が少なくなり、クリック数が減ります。

そのため、コンバージョン（成約）数があまりにも少ない場合は、単価を少しずつ上げて利益の最大化を狙っていきます。

❷フェイスブック広告の特徴

フェイスブック広告とは、フェイスブックのフィードやストーリーズに出稿する広告です。フェイスブックと連携しているインスタグラムでも、管理画面の操作で広告を配信することができます。

フェイスブック広告は、基本となる広告は「画像」なので、画像を用意しておく必要があります。ぼやけたり見にくくなったりしないよう、画像サイズに気をつけましょう。

テキスト部分は、説明30文字以内、見出し40文字以内などの推奨文字数があり、それを超えると「…続きを読む」と表示されます。

フェイスブック広告の特徴は、実名で登録するSNSならではの細かいターゲティングが可能な点です。

1つの広告に対してセットできる「オーディエンス」（ターゲット）は1つですが、「コアオーディエンス」（住む地域や年齢などの基本的な属性のほか、学歴・職歴などで設定）、「カスタムオーディエンス」（ショップの顧客データとフェイスブックユーザーのデータをマッチングさせたターゲット）、「類似オーディエンス」（フェイスブックページに“いいね”をしているユーザーに似たターゲット）に分かれており、細かく設定できるところが特徴です。

設定すると、推定オーディエンスが導き出され、潜在リーチ数なども表示

フェイスブックに出稿した「しあわせワイン倶楽部」の広告です

されるため、少なければターゲットの条件を変更するなどが可能です。

フェイスブック広告の料金体系は、「クリック（CPC）課金型」と、広告を表示した回数に従って課金される「インプレッション（CPM）課金型」の2つがあります。

ただし、インプレッション課金型は、広告を見てもらう「認知」を目的としているため、ここではクリック課金型に絞って説明していきます。

クリック課金型は、グーグルやヤフーと同じで、クリックされた数だけ課金されるシステムです。

1クリックあたりの単価は100～200円が目安だといわれています。

フェイスブック広告は、ターゲットの関心や興味などをより細かく設定することができるため成約率を高めやすい印象があります。

最も効率がよいケースであれば、グーグルとヤフーの広告が平均広告

単価3000円のときに、フェイスブック広告は、500円程度まで単価を落とすことができます。

ただ、ターゲットを絞り込むため、グーグルとヤフーの広告より成約数は減少します。ただ、数は少なくても、ターゲット層が求めるものを知るための調査という意味で、有効に活用することができるでしょう。

❸どの広告からスタートするべきか？

グーグル・ヤフー・フェイスブックの広告は、資金的に余裕があるのであれば、リーチできる層が異なることから、すべて試してみるのがいいです。

すべてを試す余裕がない場合、まずはフェイスブック広告からはじめるのがオススメです。

なぜなら、ターゲットを細かく設定できるので、「自社の商品が、どの層に受け入れられるか」というテストがしやすいからです。

フェイスブック広告である程度効果的なターゲットの絞り込みや広告の出し方などがわかってきたら、次にヤフー広告を試してみるといいでしょう。

私の経験からいうと、ヤフー広告はグーグル広告よりアクセス数は少なくなりますが、コンバージョン単価を低く抑えられる傾向にあるからです。これは、つまり広告を見て購入する人が多いといえます。

ヤフーに比べてボリュームは大きいものの、競合も多いグーグル広告は最後に試すのがいいでしょう。

どのくらいの頻度で広告を出すかについては、予算次第だといえますが、最初のうちは「少ない金額で最大の売り上げ」を狙いたいので、広告に出す商品は1つで複数のパターンを、どちらが効果的かを分析する「ABテスト」で確認します。

274ページで説明した「CPO」や「ROAS」を確認し、採算がとれる状態であるなら、その状態が続く限りは広告出稿を継続して見込み客を増やしましょう。そして、ABテストの結果から得られた成功法則をもとに、新たな商品を追加していきます。

Point

フェイスブック → ヤフー → グーグルの順で広告を試してみましょう

98 広告とリンク先のページの関係をよくする

広告を出して、それをお客さんがクリックしてくれたのに、なかなか購入につながらない……私は、広告を出しはじめたばかりのころ、そんな経験をしました。

なぜなのかと考えて、いろいろと試してみたら、リンク先の商品が、お客さんのイメージと異なっていると、成約率が極端に下がることがわかったのです。

どういうことかというと、たとえば「ピノ・ノワール」というキーワードで検索した人に表示されるネット広告を出したとします。

するとお客さんは、ピノ・ノワールというブドウ品種だけが表示されるページを想定してクリックするはずです。

それなのに、表示されたのがショップのトップページだと、そこからわざわざ自分で「ピノ・ノワール」を検索して探し出さなくてはいけません。それだと面倒ですし、そもそも期待していた表示と違うことから、がっかりして離脱してしまいがちなのです。

また、お客さんがはじめてショップサイトに訪問してくれたのに、買いやすい商品がなかったり、送料が高かったりすると、離脱の原因になります。

検索結果や広告などを経由して訪問者が最初にアクセスするページを「ランディングページ」（LP）といいますが、ネット広告のLPは「注文ボタン」のある商品ページにしておかないと、せっかくネット広告を出しても成約率は上がりません。

はじめて購入するお客さんは、ショップとの信頼関係がないため、「このショップで買い物をして失敗したくない」という意識が強めです。だから、いきなり高額な商品を購入することは滅多にありません。

ネット広告によって新規のお客さんにアクセスしてもらい、さらに商品を購入してもらうことを目指すのであれば、リンク先の商品は基本的に単価の安いもの、なおかつ送料無料など購入しやすいものがいいです。

私のショップの平均購入金額は、ワイン4～5本で1万5000円（送料別）ほどですが、ネット広告からのリンク先には「6本で1万円・送料無料」など購入単価を抑えたお得感のあるワインセットにすることが多いです。

Point

広告をクリックしたら広告で紹介した商品のページがダイレクトに表示されるようにしましょう

99 インスタグラム・ショッピングの賢い使いかた

インスタグラムには、投稿画面の画像や動画から直接、商品の購入が可能になるサービスがあります。

このサービスは、販売手数料が購入された商品単価の5％かかりますが、そのほかは基本的に無料です。

このショッピング機能を利用するためには、まず利用条件を確認したうえで、インスタグラムのアカウントをビジネスアカウントに切り替えます。

その後、フェイスブックページを追加し、さらにショップや商品カタログを追加して審査に申し込みます。

また、インスタグラムのショッピング機能は、「BASE」「STORES」「カラーミーショップ」「Shopify」などのECプラットフォームと連携することも可能です。

インスタグラムに掲載する商品にタグ付けして、ECプラットフォームで作成したショップに直接リンクをすることができます。

「カラーミーショップ」の場合、その機能を利用するには料金が月額500円からかかり、そのほかのECプラットフォームは、サービスによって異なりますが、手数料が3.6％～5％かかります。

ある調査では、「カラーミーショップ」でショップをオープンしたばかりの運営者に人気の機能で、ダントツのナンバーワンが「インスタグラムとの連携」だったといいます。

また、4万店以上のショップがある「カラーミーショップ」で、2022年度に「カラーミーショップ大賞」を受賞した43ショップが利用していた機能も「インスタグラムとの連携」がトップでした。

「カラーミーショップ」によると、日本よりも早くショッピング機能が導入されたイギリスやアメリカなどでは、インスタグラム経由でのショップへの流入数が最大2662%アップ、収益は200%アップした事例もあるそうですから、ぜひとも利用すべき機能の1つだといえるでしょう。

インスタグラムのショッピング機能の利点は、画像に商品リンクを張ることができるため、購買意欲の高い（画像を見て購入欲求の高くなっている）人に直接、そして速やかにアプローチできるという点です。

インスタグラムに投稿される画像の多くは、「映（ば）える」ように考えられています。

その画像は、お客さんに新たな視点を与えることが多く、直接的にセールスをしなくても購買意欲を高めるとても賢い広告手法だと私は考えます。

新たな視点というのは、自分では思いつかないような、ちょっとした工夫や新鮮なコーディネート、新たな利用シーンなどの提案です。

Point

インスタグラム・ショッピングは手数料のみで無料で登録できるのでぜひ試してみましょう

100 ECモールに備わっている広告の賢い使いかた

グーグル、ヤフー、フェイスブックの広告以外に、売り上げを大きく伸ばすために使うべきなのは、ECモールに備わっている広告機能です。

アマゾンと楽天は、多数のユーザーを抱えていますし、グーグル、ヤフー、フェイスブックではリーチできない客層にも知ってもらうことができます。

アマゾンには、「スポンサープロダクト広告」「スポンサーブランド広告」「スポンサーディスプレイ広告」があるほか、アマゾン内にブランド専用のストアページを持つこともできます。

最初はアマゾンの検索結果に並んで商品を表示できて、クリック課金で商品の露出を高められる「スポンサープロダクト広告」からはじめてみることをオススメします。

楽天の広告は、大きく分けると「運用型広告」「ディスプレイ広告」「ニュース広告」の3つになります。

そして「運用型広告」のなかに「RPP（検索連動型）広告」「ターゲットディスプレイ広告」「クーポンアドバンス広告」など4種類があり、「ディスプレイ広告」にも「シーズナル」「通常ディスプレイ」などの種類があります。

ニッチな商品のショップで、はじめて楽天の広告を利用するのであれば、アマゾンの「スポンサープロダクト広告」と同様にRPP広告が使いやすいでしょう。

また、**初回購入のハードルを下げるクーポンアドバンス広告（オススメ**

アマゾンのスポンサー広告

	スポンサープロダクト広告	スポンサーブランド広告	スポンサーディスプレイ広告
	クリック課金	クリック課金	クリック課金
フォーマット	静止画	静止画／動画	静止画
ターゲティング	キーワード、商品 〔自動 & 手動〕	キーワード、商品 〔手動〕	商品（ASIN、カテゴリ） オーディエンス
掲載面	検索結果上部 or 中部 or 下部 商品詳細ページの下部	検索結果最上部 or 下部など ※動画は検索結果中部	トップページ 検索結果ページの中部 商品詳細ページの 最上部や下部
リンク先	商品詳細ページ	商品詳細ページ／カスタムURL アマゾン	商品詳細ページ 検索結果ページなど

3種類のうちスポンサープロダクト広告からはじめるのがオススメです

のクーポンやクーポンが使えるオススメ商品として表示する広告）も、少額からはじめられます。

アマゾン、楽天ともに、モール内での購買行動のデータをベースに広告を表示しますから、ターゲット層に届きやすいといえるでしょう。

また、大手ECモールに出店していない場合、「BASE」「STORES」「カラーミーショップ」「Shopify」などのサービスにも、それぞれ広告サービスが備わっています。

「BASE」は「インスタグラム広告」アプリを用意し、このアプリを使うことで、ショップで販売している商品を簡単に、インスタグラムのフィードなどで広告として配信することができます。

たとえば、「すべての商品を広告で配信する」という設定にしておけば、フェ

楽天RPP（検索連動型）広告 4つの特徴

検索上位3位（スマホは5位）以内に表示

自然検索枠よりも上に表示される

クリック課金型で無駄なコスト削減

クリックされないと課金されない

最低予算5000円から利用可能

月予算5000円から利用できる

検索商品と関連した広告を表示

ユーザーの求めている商品が閲覧できる

イスブックのマッチングシステムを使って、ファンになってくれそうなインスタグラムのユーザーに表示することができます。

　また、商品だけでなく投稿済みのものを広告として、プロフィールにリンクさせることも可能です。

「カラーミーショップ」では、独自の広告サービスはありませんが、グーグルのリスティング広告を月3万円から作成・出稿・運用してくれる代行サービスがあります。

「STORES」は、今のところグーグルなどに連携する以外のサービスは提供していません。そのため、独自にリスティング広告の設定をする必要があります。

「Shopify」は、フェイスブック（インスタグラム）広告とだけ連携しており、グーグルは、グーグルアナリティクスと連携して広告設定をする仕様になってい

▼楽天市場 TOPページ

▼検索結果 一覧ページ上部

オススメのクーポンやクーポンが使えるオススメ商品を表示する楽天の広告

ます。

　そのほかの広告については連携ができないので、別途タグの設置などを行って設定する必要があります。

Point

アマゾンの「スポンサープロダクト広告」と楽天の「RPP（検索連動型）広告」からはじめてみましょう

101 目的別に広告を使い分ける方法

私は基本的に、ショップをはじめたばかりの場合、試してみるべきなのは「リスティング広告」だと考えています。

認知度が低いニッチな商品は、「イメージ広告」はもちろん、画像や動画をディスプレイする広告、モール内のセールのお知らせなどに出稿しても、広告料金に見合う結果が得られる可能性が低いからです。

実は私も、大手ECモールでワインのセール情報を配信する広告に30万円を支払って、掲載したことがあります。

でも、フランスやイタリアなどのメジャーなワインがそろうなか、カリフォルニアワインに興味を抱いてくれるお客さんはほとんどおらず、まったく反応を得られませんでした。

ただし、扱う商材によっては、ターゲットの年齢がSNSを多用する年代だったり、アパレルなど視覚的に訴求したほうがよかったりする場合、SNS広告がオススメになることがあります。

また私は、広告を出すときは、目的を明確にするべきだとも考えています。

そこで、それぞれの目的に適した広告と、その広告のメリット、デメリットをリストにしました。

たとえば、単純にアクセス数を増やしたいのであれば、SNSよりもリスティング広告のほうが効果的です。

目的別広告の一覧

	リスティング広告	リターゲティング広告	ショッピング広告	純広告	SNS広告	アフィリエイト広告	自社メルマガ	自然検索
アクセス数	○	△	○	◎	△	△	△	○
コンバージョン	○	◎	○	△	○	△	◎	○
入口商品リーチ	○	×	△	○	○	○	○	△
商品認知	△	×	△	◎	○	○	○	△
ポイント	購買意欲のある見込み客に絞って配信が可能。テキスト広告になるので商品の魅力を表現するキャッチコピーをつくるスキルが大切。	過去に商品ページなどに来訪した検討中顧客に再度提案が可能。訪れたことのない潜在顧客へアプローチできないため、配信数は少なくなる。	商品画像や価格を合わせて表示できるため視覚的に訴求しやすい。商品情報などを表示先によって作成する必要があり少し煩雑。	商品認知には適しているが表示先が大量のため、広告費が高額になる。また成果報酬ではないため、効果測定が難しい。	ターゲットを詳細にセグメントできるため低予算で見込み客に配信が可能。商材によって相性のよしあしがある。購買意欲が高まっているわけではないので購買意欲を高める訴求が必要。	商材によって相性のよしあしがある。アフィリエイターへの手数料が高くなる場合がある。ASP（アフェリエイト・サービス・プロバイダー）に支払う固定費が発生する場合もある。	すでに購入した事のある顧客へ配信する事ことができるため読んでもらいやすく、かつ購入されやすい。お客さんとのコミュニケーションが可能。継続的に配信することによって効果が出るので地道な作業が必要。	検索上位に来ると広告よりも信頼度が高まりクリックや購入率が高まる。商品ページのページランクを高める必要がありページ情報の充実や品質の向上など時間がかかる。

なぜなら、リスティング広告は、購買意欲のある見込み客に絞り込んで配信することができるからです。しかし、リスティング広告は、商品の魅力を言葉で端的に表現するスキルが必要になります。

また、成約率を上げたいのであれば、自社メルマガが有効です。

すでに購入したことがあるお客さんに配信することができるため、読んでもらいやすく、購入に結びつきやすいからです。

ただし、自社メルマガは継続的に配信してはじめて効果が見込めるので、地道な努力が必要となる側面があることも知っておいてください。

Point

広告を出すときは目的を明確にしましょう

STEP

9

好きなことで継続的に稼ぐコツ

102 売れ筋商品を育てて売り上げを最大化する

前述したように、起業してから１年半ほぼ収入ゼロで、あと数カ月で資金が尽きるというとき、私は「ナパ・セラーズ」という、のちに売れ筋商品になってくれるカリフォルニアワインに出合いました。

そして、売れ筋の品ぞろえを強化し、やっとのことで売り上げが安定、そこから少しずつ成長することができて、2023年現在ではサイト全体の売上高が７億円を超えています。

そんな私の経験から、これまでお話ししてきた「好き」を商品にして稼ぐコツだけでなく、さらに継続的に稼ぐようになれるポイントを、STEP９でお伝えしていきましょう。

170ページでも触れましたが、ビジネスの世界では、上位20％のファンやヘビーユーザーによる売り上げが全体の80％を占めるという「パレートの法則」（２：８の法則）がよく知られています。

この法則は「売れ筋上位の商品に売り上げが集中する」という意味で、さまざまな状況にあてはまります。

私のショップでは、まさに上位20％の商品が売り上げの77％を占めているのです。さらにいうと、上位５％の商品が売り上げの49％、およそ半分を占めています。

この数字からいえることは、売れ筋商品が見つかったら、その売り上げを最大化することで、ショップの売り上げが大きく伸びるということです。

売れ筋商品に集中することはお客さんのニーズに応えることでもあり、ファンになってもらうことにもつながります。

ショップを小さくスタートしたのであれば、資金には限りがありますから、商品数はお客さんに飽きられない程度にそろえ、売れ筋の在庫を持つことを優先するべきなのです。

私の経験では売れ筋商品が3品ほどできると売り上げが安定してきます。

3品というのは、ワインでいうと「3本」ということではありません。たとえば、「ナパ・セラーズ」であれば、赤と白をそろえたものを1種類（グループ）としてとらえます。

そして、ほかに人気がある銘柄が見つかったら、その銘柄で赤白そろえて1グループに。そうやって売れ筋が3グループに増えたら、それらの在庫を優先的に持つようにすることで、安定した売り上げが立つようになります。

Point

売れ筋商品が3種類ほどになると売り上げが安定してきます

103 倉庫に眠る不良在庫はただの「コスト」

203ページの「在庫回転率」のところでお話ししましたが、私のショップでは、在庫が1.5カ月で1回転しています。

理想は、できれば1カ月に1回転すること。なぜなら、在庫というのは、そもそもお金が商品に代わって倉庫で寝ているのと同じだからです。

在庫が回転しないと、資金を寝かせたままになります。つまり、売れずに倉庫で眠っている在庫は「コスト」であり、ショップ運営の負担になってしまうのです。

商品が売れてお金がまわらなければ、新しい商品を仕入れることもできなくなります。

好きなことで継続的に稼ぐのであれば、その点を強く意識してほしいと私は思っています。

私のショップでは、3カ月売れずに倉庫で眠っている商品があると、10%値下げして様子を見て、その後も3カ月売れなければ、さらに10%値下げします。

そもそも、市場の相場より高く値段を設定していただけかもしれないので、ネットを検索するなどして安い価格に合わせて様子を見ることもあります。

また、もしかしたら商品のよさを打ち出せていなかったことが、売れ残りの原因かもしれないので、商品ページを改善してみるなど、できることを探していきます。

でも、継続的に稼ぐためには売れ筋に集中し、不良在庫は速やかになくしたほうがいいです。そのため、私たちは段階的に一律10%ずつ値下げするようにしています。

とくに旬があるわけでなく、消費期限があるわけでもない商品であれば、「もう少し、様子を見ようか」とそのまま放置しがちです。

しかし、繰り返しますが、在庫として寝ている商品は、お金そのものです。速やかにお金に代えて、上位20%を狙える商品を探していきましょう。

Point

在庫はお金を眠らせているも同然と覚えておきましょう

104 「自分の時給」より安くできるものはすべて外注

STEP４で、「どのくらい働くか」は、「どのくらい外注するか」で選べるということをお伝えしました。

ここで今一度、継続的に稼ぐために、外注することの大切さをお話ししましょう。

まだまだ外注することに抵抗があり、「お金を払うのはもったいない」「自分でやればお金がかからない」と、細かい仕事まで抱え込みがちなショップ運営者が少なくありません。

しかし、自分が得意な分野、好きな分野に集中したほうが、ショップ運営の効率が上がるし、何より楽しく続けていけると私は考えています。

「自分でやったほうがいい」と抱え込む人は、「自分でやる＝無料」と考える傾向にありますが、その認識は間違っています。あなたが使う時間も「タダ」ではないのです。

そのことを自覚するために、一度自分の時給を計算してみてください。

時給の出し方は、ごく簡単です。たとえば今、会社勤めをしていて給料をもらっている人であれば、次の通り計算するだけです。

収入　÷　労働時間　＝　**時給**

たとえば、月収30万円の人が、１日７時間、週５日働いているとしたら、時給は次の通りです。

月収30万円 ÷（１日７時間 × 週５日 × ４週）＝　**時給2142円**

時給2142円の人が３時間かけて、苦手な商品情報を入力しているのだとすると、その作業に費やす労働対価は、次の通りです。

時給2142円 × ３時間 ＝ **6426円**

およそ6400円を使って作業したことになります。

もし6400円以下で外注できるのであれば、迷わず誰かに頼み、自分はもっと得意なこと、たとえば新商品の仕入れ先を探すなどに集中したほうがいいと私は考えます。

また、時給2142円だとして、もし家事が苦手なのに、１日４時間なんらかの家事をしているのであれば、8568円分の時間を得意でないことに費やしていることになります。

そのぶん、掃除ロボットに投資をしたり、家事代行を頼んだりすれば、もっと自分の得意なことで「好き」や「能力」を活かすことができるでしょう。

私は、商品ページをつくったりメルマガを書いたりするのは好きですが、今はほかにやることが増えたので、商品やワイナリーなどの情報収集はほかの人に任せて、最後のチェックと手直しだけをするようにしています。

また、個人的に得意な部分に集中するのと同様、ショップとして大切にしているところは外注しないで自分たちで最後まで行うようにしています。

私のショップでは、梱包や配送業務を「コア業務」と位置づけています。そのため、ワインのラベルにラップを巻いたり、梱包を担当した人がメッセージを手書きしたりすることなどは、自分たちで最後まで行うようにしているのです。

Point

自分の時給を計算して外注するときの料金の目安にしましょう

105 受注システムで業務の自動化を進める

ショップをスタートしてからしばらくの間、私はお客さんからオーダーが入ったら、全部、手作業で配送までの処理をしていました。

❶注文を確認 ▶ ❷受注確認のお礼のメールを送る ▶ ❸配送業者に配送の依頼をする ▶ ❹配送業者から届く追跡番号を確認 ▶ ❺お客さんに追跡番号をお知らせする

こうした一連の流れをすべて、自分でこなしていたのです。

メールのフォーマットはつくっていましたが、お客さんごとに、宛名も、オーダーしてくださった商品も、追跡番号も違います。

追跡番号のお知らせのメールを作成するだけでも、1日のオーダーで1時間、打ち間違いなどがあると2時間かかることもありました。

あまりにも非効率なので、販売管理のシステムを導入してみたら、ワンクリックですべての作業が完了したのに衝撃を受けました……。それくらい無知の状態からのスタートだったのです。

しかし、実はショップをスタートして何年もたっているのに、こうした一元管理できるシステムを導入していない運営者も意外に多いです。理由をたずねると、みなさん「お金がもったいないから」といいます。

でも今では、こうしたシステムも手頃な値段になっており、月1万円から導入することも可能です。代表的なものに「ネクストエンジン」と「CROSS MALL」があります。

どちらを選ぶかは、扱う商品によって決めるといいでしょう。

● **ネクストエンジン**　https://next-engine.net/

月1万円からスタートできる販売管理システムです。ただし、注文数による従量課金のため、注文数が多い商材は少し費用が高くなります。ただし、店舗数が多くても一律料金です。

● CROSS MALL（クロスモール） https://cross-mall.jp/

出店店舗数と商品点数によって金額が決まる仕組みです。ただし、月額固定制のため、注文数などによる従量課金はありません。

受注業務は、システムを導入することで、95%以上の作業時間が削減できるともいわれています。

もし1日5時間（月150時間）、受注業務に費やしていたとしたら、システムを使えば、1日15分（月7時間30分）の作業で終わります。

ネット通販業務では、繰り返し行う作業は、可能な限り自動化するのが鉄則です。

「自分でやればいい」と考えて手作業を続けていたら、ミスも起こるでしょうし、何よりも疲弊してほかのもっと大切なことに力を注げなくなります。

特に受注業務は、売れれば売れるほど増えていく作業です。

継続的に稼ぐのだとしたら、売れれば売れるほど作業が増えてつらくなるのは、せっかく「好き」を商品にしているのに、本末転倒だといえます。

得意でない作業は外注するとともに、できるだけ自動化を進めて、「好き」に使う時間を増やしていきましょう。

Point

ルーティンワークはできるだけ自動化しましょう

106 「自社サイト&複数モール」で多店舗展開してリスク分散

継続的に稼ぐことを考えるなら、将来的に自社サイトだけでなく、大手ECモールにも出店して多店舗展開することも視野に入れていくべきです。

自社サイトと比べ大手ECモールは、圧倒的に集客力があるという点が大きなメリットです。

アマゾンや楽天などは、月間5000万人近くのお客さんが利用しています。いってみれば、銀座の一等地に出店できるようなもの。だからこそ大手ECモールは、ショップの認知度が低くても、モールの知名度で信頼されやすいというメリットもあります。

多店舗展開をすることで、売り上げが安定するという面も見逃せません。

なぜなら、ECモールごとに異なるイベント、アマゾンであれば11月にアメリカ発祥の大型セール「ブラックフライデー」が、楽天では定期的に「スーパーセール」などが開催され、それぞれ時期が違うので、売り上げの山が集中せずに済むからです。

多店舗展開は売り上げを増大させると同時に、リスクの分散にもなります。

もちろん、ECモールに出店するには、コストがかかります。でも、ある程度の売り上げ規模になってくれば、そのコストを補ってあまりあるメリットを得られます。

「自分たちだけで運営しているから、そこまで手がまわらない」という人であっても、自動化さえ進めておけば、ECモールに出店するようになっても、作業は煩雑にはなりません。これは私の経験からもいえることです。

Point

自社サイトの売り上げが安定したら、アマゾンや楽天、ヤフーショッピングへの出店でリスク分散しましょう

107 「何回目で離脱しているか」で販促をかける

好きなことで継続的に稼ぐには、リピート率を重視する必要があります。

207ページでも、新規のお客さんを獲得するには、リピート顧客の5倍のコストがかかるといわれる「1：5の法則」についてお伝えしました。

ここで、間違いやすい「リピート率」と「リピーター率」の違いを説明しておきましょう。

リピート率は、新規のお客さんがどのくらいの割合でリピーターになっているか。リピーター率は、全顧客のなかでリピーターが占める割合です。

私のショップでは、リピート率は約33%、リピーター率は約60%となっています。

リピート率は、扱う商品によってリピートされやすい、されにくいという特性があったり、リピート期間が異なったりするので一概にはいえませんが、リピーターの売り上げが30〜40%くらいあると、安定して売り上げを伸ばしやすいといえます。

また、私のショップのお客さんの多くは、3～4回リピートすると離脱率がガクッと減り、安定したリピーターになってくれる傾向があります。

このように、離脱しやすいタイミングを把握すれば、その時期にお客さんへ接触したり、飽きられないように商品ラインアップを見直したりするなど、対策を講じることができます。

リピーター率も大まかでいいので把握しておくことが大切です。

なぜなら、新規のお客さんとリピート顧客の割合を見ることで、現在の課題が見えてくるからです。

たとえば、極端にリピーターが多く、新規のお客さんが10%程度だとしたら、もっと積極的に新規のお客さんにアプローチしないと、売り上げが先細りになる可能性が高くなります。

逆に新規客ばかりでリピーターが少ない場合は、リピーターになってもらう施策がうまく働いていないといえるでしょう。

理想的なリピーター率は、商品や定期販売などの割合によって変わってきますが、新規・リピーターどちらかが4割でどちらかが6割ならバランスがとれているといえます。ざっくりいうならば、新規とリピーターが半々でもいいです。

このバランスが崩れたら、なんらかの対策を講じる必要があります。

たとえば、新規の割合が低いのであれば、「アクセス率」「成約率」などを見直してみる。リピーターが少ないのであれば、賑わい感が足りないのかもしれないですし、季節の提案やイベントなどがなく、面白みがないのかもしれません。

ここまでお伝えしてきた内容を、1つひとつ振り返ってみる必要があるでしょう。

また、離脱するお客さんの数をリピーターの増加数が上まわっていることも大切です。

離脱するお客さんがリピーターよりも多ければ、お客さんの総数がどんどん減少してしまうからです。

こうして、リピート率がある程度あり、リピーターと新規客のバランスがいい、さらにはリピーターの増加数が離脱するお客さんの数を上まわっているのであれば、あなたのショップは「売り上げが伸びる構図」になっていると考えていいでしょう。

ちなみに、離脱率はCRM（顧客情報管理）の分析ツールがないと算出するのは難しいのですが、必要だと感じたら導入を検討するのもいいでしょう。

この分析ツールは機能の幅が広く、システムによって価格は5万〜50万円と大きく異なります。そのため、会社のステージによって、どのレベルを導入したらよいかが変わってきます。

私のショップでは、「ネクストエンジン」と同期できる分析ツールの「LTV-Lab」というシステムを、月額5万〜10万円で試したことがありますが、現在では利用していません。

なぜなら、**CPM（Customer Portfolio Management　顧客ポートフォリオマネジメント）分析という、お客さんの「購入回数」「購入金額」「最終購入日からの日数」を用いた顧客分析手法を学ぶと、ある程度のことはわかるようになるからです。**

Point

新規客とリピート顧客が半々くらいの割合を目指しましょう

108 お客さんと接触し続ける

ネット通販はショップ数が多いので、お客さんに忘れられないようにすることがとても大切です。

お客さんに忘れられないようにするには、「買わなくても楽しい」と思ってもらえるショップづくりが基本となります。

ただし、一度買い物をしてくれたお客さんには、“待ちの姿勢”でショップを整えておくだけでなく、積極的に接触していきましょう。

行動経済学の「単純接触効果」（245ページ参照）にもあるように、情報接触頻度が高まるほど人は親近感を持ち、好感度が上がるからです。

メルマガやDMはもちろん、SNSなど、さまざまな場所でお客さんの目に触れるように心がけていきます。

私がベンチマーク（運用目標）としてよく見ているサイトの1つに「北欧、暮らしの道具店」（https://hokuohkurashi.com/）があります。

このサイトでは、商品紹介だけでなく、料理や着こなし、生き方まで、面白そうな読み物が豊富で、サイトを訪れるとついつい読んでしまいます。

また、さまざまなメディアを使った発信が上手で、インターネットラジオで発信したり、スタッフ密着のドキュメンタリーや料理レシピなどの動画があったりして、あらゆる角度から、お客さんの目に触れるようにして、お客さんとの接触を試みているのです。

「北欧、暮らしの道具店」は、お客さんとのつながりを求めて楽天を撤退し

「北欧、暮らしの道具店」をベンチマークにしています

ました。大手ECモールに出店するのは、集客などでのメリットも大きいですが、一方で顧客名簿がECモールのものになってしまうというデメリットもあります。

「北欧、暮らしの道具店」は、その点を危惧して撤退したのではないかと、私は推測します。そして、自社サイトやSNSで、ファンと交流を図りながら成長していますが、今後はこうしたスタイルが主流になっていくのではないかと思っています。

Point

あえて自社サイトのみの運営でお客さんと独自の関係を築くケースが今後増えていきそうです

109 適正価格を見極め、利益最大化を図るテスト

ショップ運営者がやりがちなことの1つに、「価格を安くつけてしまう」ことがあります。

「安いほうが売れる」という思い込みがあるため、その商品の最大のポテンシャルよりも低い値段をつけてしまうケースが少なくないのです。

せっかく1000円で売れるものを、わざわざ500円にして自らの利益を減らしてしまっては、ショップ運営にとってはマイナスです。

その商品がいちばん高く、そしていちばん多く売れる値段を見極めるため、私はこんな「テスト」をよくしています。

商品の値段は、下げるのは簡単ですが、上げるのは難しいです。そのため、最初は高めの価格をつけておき、セール時に下げて、どのくらいの数が売れるかを見定めるのです。

たとえば、原価700円の商品があるとして、最初は1000円の値段をつけて販売してみます。そして、1000円で100個売れたとしましょう。次に、セールなどの機会に800円にしてみたら、200個売れたとします。

この場合、売れた数ではなく、粗利益で考えます。具体的には次のようになります。

1個あたり粗利益300円 × 100個 ＝ **3万円**（**1000円で売ったときの粗利益**）
1個あたり粗利益100円 × 200個 ＝ **2万円**（**800円で売ったときの粗利益**）

1000円で売ったほうが、粗利益を得られることがわかります。

でも、もし800円で売って500個売れたとしたら、次のようになります。

1個あたり粗利益100円 × 500個 = **5万円**

粗利益が5万円となり、800円で売ったほうが、利益を最大化できるということになります。

もし、同一商品でテストするのが難しければ、類似品でやってみるのもいいでしょう。こうしてテストをしてみると、商品の適正価格が見えてきます。

最安値でなくても売れることがわかれば、勇気を持って値づけすることができるようになります。

商品のポテンシャルを最大限に活かして、利益の最大化を図っていきましょう。

Point

低価格競争をせず、商品の適正価格を見定めて利益を確保していきましょう

110 目的を持たないセールは自滅する

大手ECモールでは、定期的に大きなセールを開催してお客さんを呼び込みます。

でも、私のショップでは、大々的な値下げはほとんど行いません。やるとしても「10%引き」に収めています。

その「10%引き」も、ECモールのお祭りに乗っかって数を売ろうとか、普段とは別の利益確保を狙おうとかしているわけではありません。

狙いは、セール時に集まってくる、普段はご縁がないお客さんに自分のショップに興味を持ってもらうことです。さらには、リピーターのお客さんへの感謝として、しばらく来店していないお客さんに思い出してもらうため、割引をして販売しているのです。

303ページで触れた不良在庫も、こうした機会に10%引きにして、どんどん手放していきます。

「利益が減るからセールはしたくない」という運営者もいます。私自身も以前はセールに参加しないことがよくありました。

でも、LTV（顧客生涯価値）の概念を知ってからは、考え方が変わったのです。LTVがいくらなのかわかっていれば、新規客の獲得にいくらまで販促費を使えるかだけでなく、どのくらい値下げできるかもわかります。

そして、リピート顧客に喜んでもらえたり、忘れられていたお客さんに戻ってもらえたりすればいい。そう考えられるようになったのです。

セールは、ただ単に数を売りたい、利益が減ってでも売り上げを立てたいといった考えでやるべきではありません。

目的を持たないセールは自滅への道であり、安売り競争には未来はありません。

私はセールの値引き額は新規客獲得コストとして扱い、リピーターのお客さんにはLTV最大化のための施策と、明確に位置づけています。

Point

継続的に稼ぐためにはLTVを知り、目的を持ったうえでセールをしましょう

111 商品の「原価率」は毎月必ずチェック

扱っている商品が1種類しかなければ、その商品が売れたら、どのくらいの利益が残るかはわかりやすいです。

たとえば、単価1000円の商品だけを扱っていて、原価700円であれば、1つ売れるたびに、粗利益300円が手元に残るとわかります。

しかし、複数の商品を扱っていると、わかりにくくなってきます。「入口商品」と「利益商品」では粗利益が異なるし、売れる頻度も違います。

また、セールをすると、そのぶん利幅が小さくなりがちです。そうなると、全体でどのくらいの原価率なのか、どのくらいの利益が得られているのかが見えにくくなってきます。

そこで継続的に稼ぐためには、毎月、原価率をチェックする必要が出てくるのです。

梱包資材や配送費などのコストは、意識して減らすことができますが、商品の仕入れ代はなかなかコントロールしづらいところです。だからこそ、異常値が発生していないか、定期的なチェックが必要なのです。

原価率が上がっているときは、「入口商品」と「利益商品」のバランスが悪い可能性があります。

私のショップでは過去に何回か、思いのほか原価率が下がっていたことがありました。チェックしてみると、このときは少し高めの値づけが成功し、原価率の低い（利幅が大きい）商品が数多く売れていたのです。

この事実に気づいた私は、急きょ、この利幅が大きい人気商品の在庫数を増やして、さらなる原価率の改善を目指したのです。

このように利益の最大化を図るためには、原価率をチェックすることが欠かせません。

少しずつでいいので、数字を見慣れていくことが大切です。

Point

原価率の小まめなチェックで利益の最大化を図りましょう

112 簡単な「試算表」をつくり、毎月の利益を把握する

「好き」で継続的に稼ぐため、ぜひ確認してほしい数字は「原価率」以外にもう1つあります。それは1カ月で利益がどのくらい出ているかです。

利益を把握するためには、簡単な「試算表」をつくるといいでしょう。

試算表とは、一定期間に行われた取引を「現金」「売掛金」「買掛金」などの項目別に、左右で「借方」と「貸方」に分けて記入するものです。

ただ、一般的な簿記のルールにそってつくる必要はありません。「売掛金」「買掛金」などの概念も知らなくても大丈夫です。

私は、次ページの表のように「売上高」「売上原価」「粗利益」「販売管理費」「営業利益」「限界利益」など、これまでお伝えしてきた項目のみで試算表を作成しています。

売上原価（売れた商品の仕入れや製造にかかった費用）は「売上原価率」を算出して確認します。

また粗利益（売上高から売上原価を差し引いた残りの利益）から販売管理費（配送日・梱包資材・クレジット手数料・販売手数料などの変動費と、人件費・販促費・家賃・光熱費などの固定費）をマイナスした営業利益も重要なポイントです。

営業利益がプラスになっていれば黒字ですが、赤字ならあといくら利益を出せば黒字に転換するかがわかります。

可能であれば、売上原価にある期首と期末の「商品棚卸高」まで把握できればいいでしょう。

毎月の利益を把握する試算表の例

（単位：円）

項目	4月		5月		6月		7月		8月		9月	
売上高	1,000,000	100%	900,000	100%	1,050,000	100%	1,100,000	100%	950,000	100%	1,000,000	100%
売上原価	650,000	65%	570,000	63%	680,000	65%	730,000	66%	640,000	67%	650,000	65%
期首商品棚卸高	300,000		350,000		360,000		400,000		350,000		380,000	
仕入高	700,000		580,000		720,000		680,000		670,000		670,000	
期末商品棚卸高	350,000		360,000		400,000		350,000		380,000		400,000	
粗利益	350,000	35%	330,000	37%	370,000	35%	370,000	34%	310,000	33%	350,000	35%
販売管理費	248,000	25%	228,200	25%	257,900	25%	257,800	23%	233,100	25%	248,000	25%
変動費	98,000	10%	88,200	10%	102,900	10%	107,800	10%	93,100	10%	98,000	10%
配送費（運賃）	40,000	4%	36,000	4%	42,000	4%	44,000	4%	38,000	4%	40,000	4%
配送経費（梱包資材）	13,000	1%	11,700	1%	13,650	1%	14,300	1%	12,350	1%	13,000	1%
クレジット手数料	30,000	3%	27,000	3%	31,500	3%	33,000	3%	28,500	3%	30,000	3%
販売手数料	15,000	2%	13,500	2%	15,750	2%	16,500	2%	14,250	2%	15,000	2%
固定費	150,000	15%	140,000	16%	155,000	15%	150,000	14%	140,000	15%	150,000	15%
人件費	25,000	3%	20,000	2%	30,000	3%	25,000	2%	20,000	2%	25,000	3%
広告宣伝費	15,000	2%	10,000	1%	10,000	1%	15,000	1%	10,000	1%	15,000	2%
賃料・光熱費	100,000	10%	100,000	11%	100,000	10%	100,000	9%	100,000	11%	100,000	10%
雑費・その他	10,000	1%	10,000	1%	15,000	1%	10,000	1%	10,000	1%	10,000	1%
営業利益	102,000	10%	101,800	11%	112,100	11%	112,200	10%	76,900	8%	102,000	10%
限界利益（粗利益－変動費）	252,000	25%	241,800	27%	267,100	25%	262,200	24%	216,900	23%	252,000	25%

商品棚卸高は、どの商品が売れて、どの商品が売れていないかを確認できるデータになります。

個人事業主から法人化すると、税務申告書の作成に会計と税務の両面の知識が必要なので、税理士さんのサポートが必要になってきます。

しかし、個人事業主として運営しているのであれば、最近はクラウド会計の「freee会計」や「やよいの青色申告オンライン（やよいの白色申告オンライン）」などに、簿記の知識がなくても簡単に入力できるサポート機能があり、試算表やそれに準ずるものが自動的に作成されるのでオススメです。

Point

試算表で現在の利益とコストを把握することが大事です

113 配送費だけでなく梱包資材も定期的に見直す

101ページで触れたように、私のショップでは、定期的に配送費を見直しています。また、これは意外と意識していないショップ運営者も多いのですが、私はダンボールや梱包資材、さらにガムテープの費用も合わせて見直すようにしています。

ダンボールは、厚みによって価格が大きく変わります。ところが、厚ければ厚いほど、ワインのような割れ物の配送に適しているとは限りません。

ワインの配送では、適した緩衝材を使うと、ダンボールの厚みを減らしても問題なく配送できるのです。

ダンボールの厚みを変えて、1回の商品配送で50円安くなったとしましょう。月間300回の配送をするのであれば、それだけで1万5000円の節約になります。

年間でみるとダンボールのコストだけで18万円もの違いが出るのです。

以前、配送時に梱包資材が破損することがあるので、段ボールの厚さや硬さを変更してほしいと、宅配便業者に頼まれたことがありました。

私のショップで使用している段ボールは、1・4・6・12本用とお客さんの注文本数に応じて4種類あるのですが、それをすべて変更してほしいというのです。

調べてみたところ、4本用の段ボールが運搬時に不安定で、宅配便業者が使用するベルトコンベアで流すときに落下しやすいことがわかりました。

そのため、4種類すべての段ボールを変更するのではなく4本用のみの変更としたところ、段ボールの破損はゼロになったのです。

このときにきちんと調べもせず、すべての段ボールの仕様を変更していたら、1注文あたりのコストは最低でも100円は増える計算でした。

仮に月間300件で100円増えたら3万円になりますから、梱包資材のコストについては慎重に考えるべきです。

ただし、何がなんでもコスト削減をするべきかというと、それは違います。

私は商品の梱包や配送は、ネット通販でのお客さんの買い物の喜びを演出する大切なポイントだと考えています。

リアル店舗でいえば、ダンボールは「ショッピングバッグ」のようなもの。ネット通販ではお客さんに直接手渡しできないぶん、最初にお客さんが手にする梱包資材は大切なツールなのです。

そのためには、お客さんの最大公約数に喜んでもらえる「色」や「形」の梱包資材を見つけること。そして厚みなどを考慮して、コスト削減していけばいいのです。

お客さんファーストで考える。そのうえで、自分たちでコントロールできる費用は、できるだけ削減しましょう。

Point

ダンボールの厚さなどは、とても小さなことのようですが、そこまで気を配ることが「好き」で継続的に稼ぐ助けとなります

114 働く仲間と「ビジョン」と「ミッション」を共有する

「好き」で継続的に稼ごうとしたら、苦手なことの外注を考え、売り上げが増えてきたのとともに人材を雇うという選択肢も視野に入るでしょう。

実は、私は最初にアルバイトを頼んだときから、ずいぶんと“人の問題”に悩まされてきました。

私と意見が衝突してケンカ別れのように辞めてしまった人もいましたし、ほかのスタッフの悪口ばかりいう人がいて、職場の雰囲気が険悪になったことから、お金を払って辞めてもらったこともありました。仕事をサボっていたので注意したら、翌日から来なくなったこともあります。

それが今ではアルバイトスタッフ12人が仕事に前向きにとり組んでおり、スムーズなコミュニケーションがとれる関係を築けています。

そういう状態に好転したポイントは、ショップの「ビジョン」と「ミッション」を定めて、伝えるようにしたことでした。

ビジョンとかミッションとかいうと、堅苦しいイメージがあるかもしれませんが、そうでもありません。

ビジョンは、ショップの「将来の理想の姿」であり、自分たちが成長して将来、実現したいこと。ミッションは、ショップの「存在意義」であり、自分たちがやるべきことです。

私のショップのビジョンは、「3世代が一緒にワインを楽しむ社会の実現」です。

20歳をこえてアルコールを飲める年齢になった子と親、祖父母の3世代が、あたり前のように食卓でワインを楽しむ社会を実現したい。そして、ワインを通じて家族が集まり、会話を楽しむ機会を生み出し、豊かな社会を実現したいという思いもあります。

ミッションは、「ワイン文化の定着」です。

ワインを通じて人生を楽しみ、ワインによって人生を豊かにする人を生み出し続けること。

さらにいうと、私たちが提供するワインやサービスを通じて、人生を楽しみ、人生が豊かになる人を増やし続けたいという思いもあります。

そして、お客さんだけでなく自分たちを支えてくれている取引先や、ともに働くスタッフの幸せにつながる行動を常に選択して、みんなの人生を豊かにするという思いも込めています。

自分たちがどこを目指して、社会にどんな影響を与えたいか。そのことにしっかりと向き合い、言葉にして伝えるようにしたことによって、スタッフとの連帯感が強まったのです。

さらに、私とスタッフが1対1で対等に意見交換する「1 on 1（ワンオンワン）ミーティング」をするようになってから、仕事だけでなくプライベートの悩みなどもシェアするようになりました。

お互いをより深く理解することができるようになり、信頼関係が深まっていったのです。

もう1つ、ビジネスコミュニケーション系アプリ「Chatwork」を使って、日常で感じたことや思ったことなどを共有するようにしたところ、スタッフ同士の距離がグッと近くなりました。

やり方は簡単です。「Chatwork」をスタッフのスマホにダウンロードしてもらい、その機能を使って、業務終了後に簡単な日報を提出してもらいます。

そのときに業務以外に何か1つ、その日にうれしかったことでも、家庭で起きたことでもいいので、書き加えてもらうようにしたのです。

その情報はスタッフ全員が共有するので、たとえば誰かが「今晩の料理はなににしようか迷ってます」と書き込んだら、おいしくて簡単につくれるレシピを教えてくれる人がいたりします。

そして翌日、別のスタッフから「あのレシピ、私もつくってみました。とっても簡単でおいしかったです！」というコメントが入ったりします。

「Chatwork」のいいところは、リアルタイムのコミュニケーションではないため、誰もが手が空いた時間にメッセージを楽しめるところです。

アプリを使ったメッセージだと、照れくさくて面と向かって伝えづらい感謝の言葉なども気軽に伝えやすいため、職場の雰囲気がずいぶんと明るくなったのです。

これもすべてビジョンとミッションを伝えるようになってから、共感してくれる人が集まるようになり、同じ方向に進めるようになったことが基本にあるからだと私は思っています。

Point

一緒の目標に向かって進むことで職場の雰囲気がよくなりました

115 売り上げアップのテクニックの前に大切にしたいこと

売り上げが安定してきたら、さらにどこまでの成長を目指すかは、人によって異なるでしょう。

月間の売上高が100万円になったら、原価率や固定費などにもよりますが、月20万～30万円は収入を得られるはずです。

「副業である程度の収入があればいい」という人であれば、それで十分かもしれません。しかし、さらなる成長を目指そうとするならば、どうしたらいいのか？

やるべきことは、とてもシンプルです。

ネット通販の売上高の公式である「アクセス数（訪問者数）× 成約率（購入率）× 客単価」の3要素を底上げしていくことで売り上げは伸びていくのです。

たとえば、アクセス数アップを図るのであれば、ネット広告を増やす。

成約率を上げるには、商品ページを充実させたり、お客さんにとって魅力的な切り口で提案したりして、販売サイトを改善していく。

客単価を上げるのであれば、いろいろな商品のセット販売をしたり、高価格帯の商品をとり入れたりする。

ショップの強み・弱みを見極め、強みを伸ばし、弱みを補強するというシンプルな作業も全体を底上げする基盤になります。

それぞれの細かいテクニックは、本書で紹介したようにたくさんあります。

でも、テクニックに走る前に、忘れてほしくないのが、"お客さんファースト"の姿勢です。

みなさんは「好き」を商品にして、継続的にお金を稼ぐことを目指します。自分が好きなものを売って、それが好きなお客さんが集まってくる。

そんなお客さんが本当に求めているものはなにか、どんな商品だったらお客さんの悩みを解決できるのか。

自分がお客さんだったらどうか、お客さん目線でショップを見て、常に改善していってほしいのです。

ショップを運営しながら、自分が成長していくと見えるものが変わってくるはずです。

今日は「これでよし」と思えたことが、1週間たてば「なにか足りない」と思えてくることもあります。また、販売サイトが育ってくれば、お客さんの求めるものも変わってくるでしょう。

そうした変化のなかで、常にお客さんの目線で「もっとよくしよう」と改善していってほしい。

好きを商品にしていれば、自分の「好き」を極めていくことになるのですから、こんなに楽しいことはありません。

そうして、お客さんの求めているものを追求して販売施策に落とし込むのが、「好き」で継続的に稼ぐ最大のコツだと思うのです。

Point

いつまでも、お客さんの視点を忘れないようにしましょう

STEP

10

最小限のリスクで
最初の一歩を
踏み出そう

116 誰でも限りなくゼロに近いリスクで自分らしく稼げる

私がショップをオープンして12年間で学び、実践してきたことのすべてをお伝えしてきました。

この本に書かれていることを、しっかりと実践していただければ、限りなくゼロに近いリスクで、自分らしく稼ぐことが可能でしょう。

実際、私が知る大学生は、同じ手法で自然食品を扱うECショップを１人で運営し、月間の売上高が500万円を超えます。

手元に残る利益が２割だとしても、大学生にして毎月100万円の自由になるお金を手にしているのです。

この大学生が、まだ20代そこそこで「好き」を商品にして、稼げるようになった理由はただ1つ、「はじめてみた」からにほかなりません。

私は無謀にも、結婚したばかりなのに「好きなワインを仕事にしたい」という情熱だけで、定期的な収入を得られる仕事をスパッとやめて、起業しました。

根拠のない自信と勢いに任せて、ロクに準備もせずに退職したため、１年半もの間ほぼ収入がなく、妻や親に心配をかけました。

でも、そこから数々の苦難を乗り越えて、売上高７億円のショップに成長。だからこそ、これまでに得た「つらく苦しい時期を最短、もしくはないものにする」という方法を、みなさんにお伝えすることができるのです。

でも、私ができないことが1つあります。

それは、みなさんが勇気を持って一歩踏み出してみることです。

私のように、なにも知らないところからはじめるわけではありません。みなさんには、この本があります。

スタートしてわからないことがあったら、いつでもこの本に立ち戻って、疑問を解決し、あなたの「好き」を、好きになってくれるお客さんのために前に進むことができるのです。

Point

はじめてみれば、新たな世界が広がります

117 一歩踏み出した人だけがチャンスをつかめる

私がこういっても、実際に一歩踏み出してはじめる人は少ないかもしれません。人の脳は、やり慣れないことをはじめるのにストレスを感じて、現状を維持しようとするからです。

また、なにかをしたいと思ったとしても、実際に行動に移すのは、100人に1人ともいわれます。

でも、チャンスをつかむことができるのは、一歩踏み出した人だけです。

繰り返しますが、私はみなさんが最速で「好き」で稼ぐようになるためのサポートをすることはできます。でも、一歩踏み出すのは、あなたなのです。

以前、私のショップに某大手飲料メーカーから億単位での買収の打診がありました。

それくらい評価してもらったことはうれしかったのですが、私はまだお客さんと一緒に実現したいことがあり、もっともっと「好き」を楽しんでいきたい。

そういう思いが強いので、買収の話は丁重にお断りしました。

ただただワインが好きで、サイトのつくり方も、商品の仕入れ先もなに1つ知らなかった私の「好き」に、事業買収の話が舞い込むまで成長した。

それは、私が一歩踏み出したからです。

みなさんの目の前にも、同じチャンスが広がっています。

この本を助けに、一歩踏み出す人が、1人でも増えることを願っています。

なお、いうまでもないことですが、事業運営は自己責任で行ってください。

Point

ぜひ本書を参考に一歩踏み出してみてください！

［著者］
木之下 嘉明（きのした・よしあき）
1978年東京生まれ。ネット通販サイト「しあわせワイン倶楽部」を運営するワインラバーズ代表取締役。日本ソムリエ協会認定ワインエキスパート。C.P.A.チーズ検定コムラード・オブ・チーズ。もともと財務や会計の仕事をしていたが、日ごろ飲むようになったワインにハマり、33歳のときにまったくの未経験ながら、自宅の4畳半の和室をワイン倉庫に改装して、ワインのネット通販をはじめる。ところが、最初はまったく売れず1年半ほどの間ほぼ無収入となるも、独学で店舗運営の改善と改良を重ね、現在は年商7億円超、カリフォルニアワイン販売数量日本一となる。楽天市場の売り上げアッププログラム「NATIONS」で、出店者の売上高を2倍に伸ばすための指導をしている。

「おウチ起業」で4畳半から7億円
——ネットショップで「好き」を売ってお金を稼ぐ！

2024年1月16日　第1刷発行
2024年11月1日　第2刷発行

著　者　木之下嘉明
発行所　ダイヤモンド社
〒150-8409　東京都渋谷区神宮前6-12-17
https://www.diamond.co.jp/
電話　03-5778-7233（編集）　03-5778-7240（販売）
装丁　小口翔平＋後藤司（tobufune）
本文デザイン　大場君人
イラスト　カツヤマケイコ
編集協力　塩尻朋子
校正　三森由紀子
製作進行　ダイヤモンド・グラフィック社
印刷・製本　三松堂
編集担当　斎藤順

ISBN 978-4-478-11908-2